마법의 비행

FLIGHTS OF FANCY
Copyright Text © Richard Dawkins, 2021
Illustrations © Jana Lenzová, 2021
All rights reserved

Korean translation copyright © 2022 by EULYOO PUBLISHING CO. LTD.
Korean translation rights arranged with Head of Zeus
through EYA(Eric Yang Agency)

이 책의 한국어판 저작권은 EYA(Eric Yang Agency)를 통해 Head of Zeus와 독점
계약한 (주)을유문화사가 소유합니다. 저작권법에 의하여 한국 내에서 보호를 받
는 저작물이므로 무단 전재 및 복제를 금합니다.

리처드 도킨스

마법의 비행

야나 레초바 그림
이한음 옮김

을유문화사

옮긴이 **이한음**

서울대학교에서 생물학을 전공한 후 과학과 인문·예술을 아우르는 번역가이자 과
학 도서 저술가로 활동해 왔다. 저서로는 『투명 인간과 가상현실 좀 아는 아바타』,
『위기의 지구 돔을 지켜라』 등이 있으며 옮긴 책으로는 『노화의 종말』, 『바디: 우리
몸 안내서』, 『포즈의 예술사』, 『고양이는 예술이다』, 『지구의 짧은 역사』 등이 있다.

마법의 비행

발행일   2022년 6월 10일 초판 1쇄

지은이 ｜ 리처드 도킨스
그 림 ｜ 야나 렌초바
옮긴이 ｜ 이한음
펴낸이 ｜ 정무영
펴낸곳 ｜ (주)을유문화사

창립일 ｜ 1945년 12월 1일
주 소 ｜ 서울시 마포구 서교동 469-48
전 화 ｜ 02-733-8153
팩 스 ｜ 02-732-9154
홈페이지 ｜ www.eulyoo.co.kr

ISBN 978-89-324-7472-4   03470

＊ 이 책의 전체 또는 일부를 재사용하려면 저작권자와 을유문화사의
  동의를 받아야 합니다.
＊ 책값은 뒤표지에 있습니다. 잘못된 책은 구입하신 곳에서 바꾸어
  드립니다.

상상을 자유자재로 타고 나는 고공 비행자

일론에게

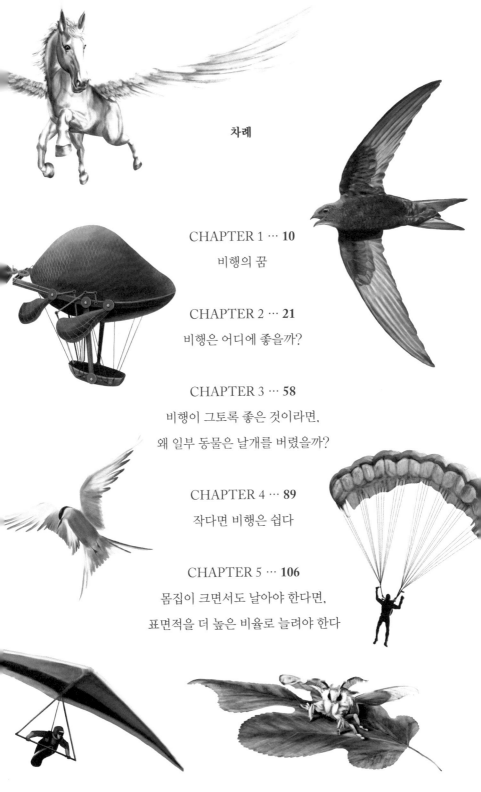

차례

CHAPTER 1

비행의 꿈

레오나르도 다빈치의 '오니숍터'

상상 속에서만 펼쳐진 장면. 하지만 정말로 놀라운 상상이다!

1장

비행의 꿈

때로 새처럼 나는 꿈을 꾸지 않는지? 나는 그런 꿈을 꿀 뿐 아니라, 무척 좋아한다. 꿈속에서 힘들이지 않고 숲 위를 활공하며 쑥 치솟았다가 획 내리꽂히면서, 삼차원을 마음껏 돌아다니며 장난을 친다. 우리는 컴퓨터 게임과 가상 현실 안에서 상상한 대로 높이 떠올라서 환상적인 마법의 공간을 날아다닐 수 있다. 그러나 안타깝게도 현실이 아니다. 과거의 몇몇 위대한 인물들, 특히 레오나르도 다빈치가 새처럼 날고 싶다는 열망을 품었고, 비행을 도울 기계를 설계한 것도 놀랍지 않다. 우리는 이 오래된 설계도 중 몇 가지를 뒤에서 살펴볼 것이다. 그런 기계들은 작동하지 않았으며, 대부분 작동시킬 수조차 없었지만, 그래도 꿈을 죽이지는 않았다.

책 제목에서 짐작할 수 있듯이, 이 책은 비행을 다룬다. 인간이 지난 수백 년에 걸쳐서, 그리고 다른 동물들이 수백만 년에 걸쳐서 발견한 중력에 맞서는 온갖 방법들을 살펴본다. 그러면서 비행을 생각할 때 두서없이 저절로 떠오르는 이런저런 생각과 개념도 짬짬이 살펴보고자 한다. 이 곁다리로 흐르는 생각은 더 작은 활자로 구분했으며, 굵은 글자로 적은 '**그런데……**'로 시작할 수도 있다.

가장 환상적인 환상으로 이야기를 시작해 보자. 2011년 〈AP〉 통신은 77퍼센트의 미국인이 천사가 있다고 믿는다는 여론 조사 결과를 발표했다. 무슬림도 천사를 믿게 되어 있다. 천주교도도 전통적으로 모든 이에게 그들을 돌보는 수호천사가 있다고 믿는다. 모든 천사는 날개가 있다. 보이지도 들리지도 않게 날개를 움직이며 우리 주위를 난다. 『아라비안나이트』에는 마법의 양탄자가 등장하는데, 그 위에 앉아서 가고 싶은 목적지를 떠올리기만 하면 순식간에 그곳에 도착할 수 있다. 전설 속의 솔로몬 왕에게는 빛나는 비단실로 짠 양탄자가 있었는데, 무려 백성 4만 명을 태울 수 있을 만큼 컸다고 한다. 그 위에 올라서 바람에게 명령하면, 원하는 곳으로 바람이 운반했다. 그리스 신화에는 날개가 달리고 품격 있는 백마 페가수스가 나온다. 페가수스는 괴물인 키메라를 죽이는 임무를 맡은 영웅 벨레로폰을 태웠다. 무슬림은 예언자 무함마드가 하늘을 나는 말을 타고서 '밤 여행'을 했다고 믿는다. 무함마드는 날개가 달린 말처럼 생긴 동물인 부라크를 타고서 메카에서 예루살렘까지 순식간에 날아갔다. 부라크는 대개 그리스 신화의 켄타우로스처럼 사람의 얼굴을 한 모습으로 그려진다. '밤 여행'은 우리 모두가 꿈속에서 경험하는 것이며,

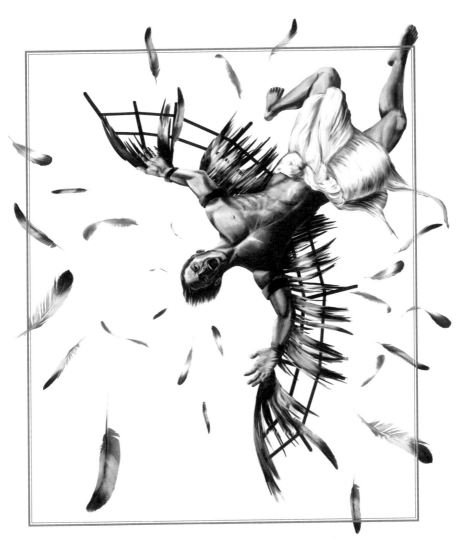

"교만은 패망으로 이어지고 오만한 정신은 추락한다*"

이카로스는 태양에 너무 가까이 다가가는 바람에 추락해 죽었다.

---

* 잠언 16장 18절(이하 각주는 모두 역주이다)

코난 도일은 요정을 믿었다

코난 도일 자신이 창작한 인물인 셜록 홈스와 챌린저 교수는
요정이 있다는 속임수에 속지 않았을 것이다. 그래도 그는 놀라운 작가였다!

비행하는 꿈을 비롯하여 우리의 꿈 여행 중에는 적어도 무함마드의 여행 못지않게 기이한 것들도 있다.

그리스 신화의 이카로스는 밀랍으로 깃털을 팔에 붙여 날개를 만들었다. 하지만 그는 교만해진 나머지 태양에 너무 가까이 날아갔다. 그러자 열기에 밀랍이 녹았고, 추락해 죽었다. 자만하지 말라는 훌륭한 경고다. 물론 현실에서라면 그가 더 높이 올라갈수록 주위가 뜨거워지는 것이 아니라 차가워졌을 것이다.

마녀는 빗자루를 타고서 허공을 붕붕 날아다닌다고 한다. 최근에 해리 포터도 빗자루를 타는 무리에 합류했다. 산타클로스와 순록은 12월에 쌓인 눈 위를 날면서 이 굴뚝에서 저 굴뚝으로 빠르게 돌아다닌다. 명상 지도자와 수도자는 가부좌 자세로 수련을 하고 있으면 몸이 바닥에서 떠오른다고 주장한다. 공중 부양은 아주 인기 있는 속설이다. 거의 무인도 농담만큼 많이 풍자만화에 등장한다. 『뉴요커*The New Yorker*』에 실린 만화는 내 마음에 딱 든다. 거리에서 한 남자가 높은 벽 위쪽에 나 있는 문을 바라보고 있다. 문에는 이렇게 적혀 있다. '전국 공중 부양 협회'.

아서 코난 도일은 법의학적으로 합리적인 사고를 하는 인물인 셜록 홈스를 창조했다. 홈스는 소설 속 최초의 탐정에 속한다. 도일은 가공할 인물인 챌린저 교수도 창조했는데, 잔혹할 만치 합리주의적인 과학자였다. 도일은 분명히 두 인물에 경탄했지만, 정작 자신은 두 주인공이라면 조소를 보냈을 만한 유치한 사기에 속아 넘어갔다. 말 그대로 유치했다. 날개 달린 '요정'을 찍은 양 사진을 꾸민 두 아이의 장난에 속았으니까. 사촌 간인 엘시 라이트 Elsie Wright와 프랜시스 그리피스Frances Griffiths는 책에서 요정 그림을 오려 내서 마분지를 덧댄 뒤 정원에 매달았다. 그런 다음 각자 그 옆에 서서 사진을 찍었다. 도일만 속은 것이 아니다. 이 '코팅리 요정' 장난에 속은 많은 이들 중에서 그가 가장 유명 인사였을 뿐이다. 심지어 그는 『요정의 등장The Coming of the Fairies』이라는 책까지 썼다. 책에서 그는 날개 달린 작은 요정들이 나비처럼 이 꽃, 저 꽃으로 날아다닌다는 믿음을 강력하게 피력했다.

성깔 있는 챌린저 교수라면 다음과 같은 질문에 벌컥 화를 냈을 것이다. "요정은 어느 조상에게서 진화했을까? 유인원으로부터 평범한 인류와 별개로 진화했을까? 날개는 진화적으로 어디에서 기원했을까?" 도일은 해부학을 어느 정도 아는 의사였으므로, 요정의 날개가 어깨뼈나 갈비뼈의 돌기물로서 진화했는지, 아니면 완전히 새로운 기관인지 궁금했을 것이다. 지금의 우리 눈에는 사진이 위조되었다는 것이 명백해 보인다. 그러나 도일을 옹호하자면, 당시는 포토샵이 등장하기 오래전이었고 '카메라는 거짓말을 할 수 없다'는 믿음이 널리 퍼져 있던 시기였다. 인터넷에 익숙한 세대인 우리는 사진이 위조하기 아주 쉽다는 것을 잘 안다. 훗날 '코팅리' 사촌들은 70세가 넘어서 장난이었다고 인정했다. 코난 도일은 이미 세상을 떠난 지 오래였다.

꿈은 계속된다. 매일 인터넷을 날아다닐 때마다 우리의 상상은 솟구친다. 영국에서 내가 단어를 입력하면, 그 단어는 '날아올라' 클라우드로 들어가서 미국의 어느 컴퓨터로 '날아내릴' 준비를 한다. 나는 빙빙 도는 지구의 이미지에 접속하여 옥스퍼드에서 호주로 가상으로 '날아갈' 수 있고, 도중에 방향을 바꾸어서 알프스와 히말라야산맥을 '내려다볼' 수도 있다. 나는 과학 소설의 반중력 기계가 현실에 등장할지 여부는 알지 못한다. 내가 볼 때 의심스럽기에 그 가능성은 더 이상 말하지 않으련다. 이 책에서는 과학적 사실에서 벗어나지 않으면서, 말 그대로 탈출하지는 않으면서, 중력을 길들일 수 있는 방법들을 살펴볼 것이다. 인간이 기술을 써서, 그리고 다른 동물들이 몸을 써서 단단한 땅에서 날아오르는 문제를 어떻게 해결했는지를 살펴보기로 하자. 일시적이거나 일부이긴 하지만, 어떻게 중력의 독재로부터 벗어날까? 하지만 먼저 동물이 땅에서 벗어나는 것 자체가 과연 좋은 일인지 물어볼 필요가 있다. 자연에서 비행은 어디에 좋은 것일까?

CHAPTER 2

비행은
어디에 좋을까?

2장

비행은 어디에 좋을까?

이 질문에 답하는 방식은 아주 많으므로, 독자는 왜 굳이 이 질문을 해야 하는지 의아할 수도 있다. 그러나 미안한 일이지만, 이제 신화 속의 구름 사이를 신나게 떠다니는 꿈에서 벗어나서 지상으로 내려와야 할 때다. 우리는 정확한 답을 내놓아야 한다. 그리고 생물에게 그 답은 다윈주의적임을 의미한다. 진화적 변화는 모든 생물이 지금의 모습을 갖추게 된 방식이다. 그리고 생물에 관한 한, '어디에 좋을까?'라는 모든 질문의 해답은 언제나 있으며 예외 없이 동일하다. 바로 다윈의 자연 선택, 즉 '적자생존'에 좋다.

그렇다면 다윈의 언어로 말해서, 날개는 어디에 '좋은' 것일까? 그 동물의 생존에 좋을까? 당연히 그러하며, 그 답이 현실에서 어떤 다양한 방식으로 구현되는지를 나중에 살펴볼 것이다. 공중에서 먹이를 찾아내는 것이 한 예다. 그러나 생존은 이 이야기의 일부에 불과하다. 다윈주의 세계에서 생존은 번식이라는 목적의 수단을 의미할 뿐이다. 수컷 나방은 대개 냄새를 따라 날개

"나는 5킬로미터 떨어져 있는 암컷의 냄새도 맡아"
이 나방의 깃털 같은 아름다운 더듬이는 산들바람에 실려 오는 아주 멀리
떨어진 암컷의 냄새도 맡을 수 있다. 수컷은 공중에서 더듬이를 부채처럼 활짝
펼친 채 움직여서 사방을 훑고 냄새가 오는 방향을 추적한다.

를 써서 산들바람을 타고 암컷을 향해 날아간다. 일부 나방은 고
도로 민감한 아주 큰 더듬이를 써서 농도가 1천조 분의 1에 불과
한 냄새를 검출할 수 있다. 이 능력은 수컷 자신의 생존에는 도움
이 안 되지만, 방금 말했듯이 생존은 번식이라는 목적을 위한 수
단일 뿐이다.

이 말은 조금 더 다듬을 수 있다. 생존이라는 개념에 다시 초점을 맞춰 보자. 개체가 아니라 유전자의 생존이다. 개체는 죽지만 유전자는 사본으로 남아서 살아간다. 번식을 통해 달성하는 생존은 유전자의 생존이다. 유전자, 아무튼 '좋은' 유전자는 충실한 사본이라는 형태로 여러 세대, 수백만 년까지도 생존한다. 나쁜 유전자는 살아남지 못한다. 자신이 유전자라고 할 때 '나쁘다'는 바로 그런 의미다. 그렇다면 유전자가 어떠해야 '좋다'고 할 수 있을까? 유전사를 다음 세대로 전달할 수 있게 생존과 번식에 유리한 몸을 잘 만드는 유전자가 좋은 유전자다. 나방의 몸에 커다란 더듬이를 만드는 유전자는 그 더듬이가 검출한 암컷이 낳을 알 속으로 전달되므로 생존한다.

마찬가지로 날개는 그것을 만드는 유전자의 장기 생존에 좋다. 좋은 날개를 만드는 유전자는 소유자가 바로 그 유전자를 다음 세대로 전달하도록 도왔다. 다음 세대에도 그러했다. 그런 식으로 무수한 세대가 지난 지금, 우리는 정말로 아주 잘 나는 동물들을 보고 있다. 최근(진화의 기준으로 볼 때 최근)에 인간 공학자들은 동물과 비슷한 방식으로 나는 방법을 재발견했다. 물리 법칙이 변하는 것은 아니므로 놀랄 일도 아니며, 진화하는 새와 박쥐도 지금의 인간 항공기 설계자들과 동일한 물리 법칙을 붙들고 씨름해야 했다. 그러나 항공기는 정말로 설계되는 것인 반면, 새와 박쥐, 나방과 익룡은 결코 설계된 것이 아니라 조상들의 자연선택을 통해 나왔다. 그들은 비행 실력이 조금 떨어지는 경쟁자들보다 조상들이 조금 더 잘 날았기 때문에 지금도 잘 난다. 반면에 경쟁자들은 조상이 되지 못했다. 그리고 조금 못 나는 유전자를 전달하는 데 실패했다. 다른 저서들에서는 이런 내용을 더 상세히 설명했지만, 여기서는 지금까지 서술한 정도로도 충분할 것이다. 이제 비행이 어디에 좋은지를 상세히 살펴보기로 하자. 그리고 곧 알게 되겠지만, 어디에 좋은지는 종마다 다르다.

공작처럼 나는 데 힘이 많이 드는 일부 새들은 포식자를 피해 무거운 몸을 띄워서 짧은 거리를 난 뒤에 안전한 곳에 내려앉는다. 날치도 바다에서 마찬가지로 행동한다. 이런 사례들에서 비행은 도움닫기 도약이라고 볼 수도 있다. 공작처럼 잘 날지 못하는 새들뿐 아니라, 많은 새들은 땅에 얽매여 있는 포식자를 피하기 위해서 비행을 이용한다. 그리고 물론 포식자 중에는 땅에 얽매이지 않은 종류도 있다. 즉, 그들도 날 수 있다. 그리하여 진화하는 동안 항공 군비 경쟁이 벌어진다. 먹이는 잡히지 않게 더 빨리 날고, 포식자도 잡기 위해 더 빨리 난다. 먹이는 날쌔게 방향을 바꾸는 회피 기동을 할 수 있게 진화하고, 포식자는 그에 맞서는 대항 수단을 진화시킨다. 밤에 나는 나방과 나방을 잡아먹는 박쥐 사이의 군비 경쟁이 탁월한 사례다.

박쥐는 우리가 거의 상상도 못할 감각을 써서 어둠 속을 돌아다니고 먹이를 향해 곧장 나아간다. 박쥐의 뇌는 자신이 낸 (음이 너무 높아서 우리에게 들리지 않는) 초음파 펄스가 부딪혀 돌아온 메아리를 분석한다. 나방이 감지 범위 내에 들어오면, 틱……

틱…… 틱 기준 속도로 내던 펄스
가 타-타-타로 빨라지고, 마지막
공격 단계에서는 브르르르르 진동한다. 각 펄스를 세상을 표
본 조사하는 활동이라고 본다면, 이렇게 표본 조사 빈도를 늘리
면 표적의 위치를 더 정확히 파악하게 되리라는 것을 쉽게 알 수
있다. 진화는 수백만 년에 걸쳐서 박쥐의 메아리 기술을 완벽하
게 다듬었다. 이를 분석하는 정교한 뇌 소프트웨어도 포함해서
다. 한편 군비 경쟁의 반대쪽에 있는 나방은 나름 영리한 방법을
진화시키고 있었다. 나방은 박쥐가 내는 초음파를 듣는 귀를 계
발시켰다. 또 박쥐의 소리를 들을 때마다 무의식적이고 자동적으
로 펼쳐지는 회피 전술도 발전시켰다. 와락 돌진하고, 툭 떨
어지고, 홱 비키는 행동이다. 그에 대응하여, 박쥐는
더욱 빠른 반사 행동과 날랜 비행 능력을 진화시켰
다. 이러한 군비 경쟁의 정점에서 펼쳐지는 행동들은
제2차 세계 대전 때 스핏파이어와 메서슈미트 전투기가
펼친 전설적인 공중전처럼 보인다. 밤에 펼쳐지는 이 드라
마는 우리에게는 완전히 고요한 가운데 일어나는 것처럼 보인
다. 나방의 귀와 달리, 우리 귀는 박쥐가 내는 기관총을 쏘는 듯
한 펄스를 듣지 못하기 때문이다. 나방의 귀는 우리와 다르게 조
율되어 있다. 아마 나방이 귀를 지닌 주된 이유는 박쥐 때문일 것
이다.

☞ **그런데** 나방이 덥수룩한 것도 한편으로는 박쥐로부터 자신을 보호하기 위해서일 수 있다. 방 안의 메아리를 줄이고자 하는 음향 공학자는 나방의 털과 비슷하게 소리를 흡수하는 성질을 지닌 물질로 벽을 덮는다. 일부 나방은 더 독창적인 비법도 지닌다. 이들의 날개는 '레이더에서 사라지는' 방식의 스텔스 폭격기처럼 박쥐의 초음파와 공명하도록 끝이 갈라진 작은 비늘로 덮여 있다. 또 일부 나방은 스스로 초음파 잡음을 낸다. 이 잡음은 박쥐의 레이더(엄밀히 말하면 음파 탐지기)를 '교란할' 수 있다. 그리고 몇몇 나방 종은 구애할 때 초음파를 쓴다.

땅에서 먹이를 찾는 새들은 한곳의 먹이가 떨어지면 다른 곳으로 재빨리 날아갈 수 있다. 독수리와 맹금류는 높이 날아올라서 넓은 지역을 훑는 용도로 날개를 쓴다. 독수리는 정말로 아주 높은 상공에서 훑는다. 그들은 죽은 동물을 먹으므로 먹이를 잡느라 서두를 필요가 없다. 그래서 아주 높이 올라가 넓은 지역을 훑으면서 사자가 잡은 먹이 등이 있음을 알려 주는 단서를 찾는 여유를 부릴 수 있다. 다른 독수리들도 단서가 된다. 사체를 찾아내면 죽 미끄러지듯이 하강한다. 살아 있는 먹이를 잡는 수리와 매 같은 맹금류는 더 낮은 고도에서 아래쪽을 훑다가 아주 빠른 속도로 내리꽂곤 한다. 제비갈매기와 개닛gannet처럼 물고기를 잡는 많은 새도 비슷하게 내리꽂으면서 물속으로 뛰어든다. 이를 급강하 다이빙plunge-diving이라고 한다.

개닛은 바다를 넓게 훑으면서 물고기 떼가 있음을 알려 주는 단서를 찾는다. 수면이 더 짙은 색을 띠거나 다른 새들이 몰려 있는 광경 등일 것이다. 개닛이나 가까운 친척인 얼가니새(부비새)는 빽빽하게 모여들어서 시속 약 96킬로미터의 속도로 물고기 떼를 향해 폭격하듯이 내리꽂는다. 생명이 보여 주는 장관 중 하나다. 이들의 무자비한 습격은 제2차 세계 대전의 또 다른 한 장면을 떠올리게 한다. 급강하 폭격기인 슈투카가 이른바 '예리코의 나팔'을 요란스럽게 울리면서 내리꽂거나 일본의 가미가제 항공기가 돌진하는 장면이다. 개닛과 얼가니새는 죽기 위해서 내리꽂는 것이 아니라는 점이 다르긴 하지만 그럼에도 잘못 내리꽂다가는 목이 부러질 수 있다. 그리고 오랜 세월에 걸쳐서 계속 급강하 다이빙을 하다 보니 서서히 눈이 손상된다. 얼가니새는 이윽고 시력이 나빠지는 바람에 삶을 마감하게 될 수도 있다. 다이빙 때문에 수명이 짧아진다고 말할 수도 있겠다. 그러나 다이빙을 하지 않으면 수명이 더욱 짧아질 것이다. 굶어 죽을지도 모르기 때문이다. 개닛은 고도로 특화한 잠수부이기에, 잠수 기술을 쓰지 않는다면 갈매기처럼 수면에서 먹이를 잡는 다른 새들과 경쟁할 수 없다.

☞ **그런데** 여기에서 진화론의 한 가지 흥미로운 교훈을 찾아볼 수 있다. 이 교훈은 이 책에서 내내 튀어나올 것이다. 바로 타협과 절충이라는 교훈이다. 다윈의 자연 선택은 동물의 젊은 시

기 번식 성공률을 높일 수 있다면, 늙었을 때의 수명을 줄이게 할 수도 있다. 앞서 살펴보았듯이, 다윈주의 언어에서 '성공'이란 죽기 전에 자기 유전자의 사본을 많이 남기는 것을 의미한다. 개닛이 젊을 때 물고기를 더 효율적으로 잡게 하는 유전자는 그 새가 늙었을 때 죽음을 촉진한다고 해도 다음 세대로 전달되는 데 성공한다. 이런 추론은 우리가 늙는 이유를 이해하는 데 도움을 줄 수 있다. 비록 우리는 물고기를 잡으러 급강하다이빙을 하지는 않지만, 우리는 젊을 때 뛰어났던 조상들로 죽 이어져 온 계통의 유전자를 물려받았다. 늙어서까지 뛰어날 필요는 없었다. 그때쯤이면 번식을 대부분 마쳤을 테니까.

개닛은 빠르지만, 최고의 급하강 폭격기는 매다. 매는 공중에서 날고 있는 새를 잡는다. 먹이를 잡으러 급강하할 때, 즉 내리꽂을 때 매는 속도가 무려 시속으로 약 322킬로미터에 달할 수도 있다. 시속 322킬로미터로 급강하하기에 가장 알맞은 모습과 수평으로 날면서 먹이가 있는지 훑을 때 가장 적합한 모습은 전혀 다르다. 내리꽂는 매는 가변익 전투기처럼 날개를 접는다. 엄청난 하강 속도는 문제와 위험도 안고 있다. 매에게 특수하게 변형된 콧구멍이 없다면, 그런 상황에서 호흡을 할 수 없을 것이다(아주 빠른 항공기의 제트 엔진은 이 설계를 어느 정도 모방했다). 그렇게 위험한 속도로 어설프게 날다가 충격을 받으면, 매는 말 그대로 목이 부러질 수도 있다. 개닛의 사례에서처럼, 여기서도 번식

성공에 기여하는 단기적인 혜택과 수명 단축의 위험 사이에 절충이 이루어져야 한다.

비행은 또 어디에 좋을까? 절벽에 편평하게 튀어나온 곳은 여우 같은 지상 포식자로부터 안전하게 둥지를 짓고 잠을 자기에 아주 좋다. 세가락갈매기는 포식자가 — 심지어 다른 나는 새들까지도 — 공격하기 쉽지 않은 매우 접근이 어려운 암벽 턱에 둥지를 짓는다. 다른 많은 새는 안전을 도모하기 위해서 나무에 둥지를 짓는다. 날개 덕분에 새는 놀라울 만치 빠르게 나무 위로 오를 수 있고, 풀 같은 둥지 재료뿐 아니라 새끼의 먹이까지 빠르게 운반할 수 있다. 많은 나무가 열매로 뒤덮인다. 큰부리새와 앵무를 비롯한 많은 새와 큰 박쥐류는 열매를 먹는다. 물론 원숭이와 유인원도 나무를 기어올라서 열매를 따 먹지만, 가장 운동 능력이 뛰어난 원숭이나 유인원도 나뭇가지 사이를 돌아다니는 능력 면에서는 새를 따라올 수 없다. 긴팔원숭이는 나무를 타는 동물 중에서 가장 뛰어나며, 그들은 팔 그네 이동이라는 방법을 완벽하게 가다듬었다. 이 방법으로 나뭇가지 사이를 돌아다니는 모

🐦 조류 세계의 슈투카 급강하 폭격기

개닛과 얼가니새는 공중에서 내리꽂아 물고기를 잡는 전문가다.
그림에는 개닛 한 마리만 나와 있지만, 이들이 큰 무리를 지어서 함께 내리꽂는
모습은 결코 잊을 수 없는 광경이다.

습은 마치 나는 듯하다. 팔 그네 이동brachiating('팔'을 뜻하는 라틴어 brachium에서 유래)은 아주 긴 팔로 나뭇가지에 매달려 몸을 그네처럼 흔들어서 옮겨 다니는 것을 말한다. 마치 물구나무서서 다리를 올리고 휘젓는 듯하다. 비행 ─ 여기서 나는 거의 그 단어의 본래 의미로 쓴다 ─ 에 몰두한 긴팔원숭이는 이 가지에서 저 가지로 몸을 휙 던지듯이 하면서 놀라운 속도로 숲 위쪽을 돌아다닌다. 몇 미터 떨어진 나뭇가지로 건너뛰기도 한다. 엄밀한 의미에서 나는 것은 아니지만, 거의 나는 것에 가깝다. 내가 보기에 긴팔원숭이보다 잘했을 것이라고는 보지 않지만 우리 조상들 역시 아마 진화 역사의 어느 단계에서 팔 그네 이동을 했을 것이다.

꽃은 꿀을 만들며, 꿀은 벌새와 태양새, 나비와 벌의 주된 비행 연료다. 벌은 꽃에서 꽃가루를 모으며, 애벌레에게 꽃가루를 먹인다. 곤충강 내에서 벌류는 꽃식물에 의존하며, 양쪽 다 약 1억 3천만 년 전 백악기에 출현하여 함께 진화(공진화)했다. 이 꽃에서 저 꽃 사이를 빠르게 돌아다니고자 할 때, 날개야말로 가장 좋은 수단이 아닐까?

대다수의 곤충은 날아다니는데 제비와 칼새, 딱새와 작은 박쥐류가 나는 곤충을 잡는 기술은 거의 예술의 경지에 다다랐다. 잠자리도 커다란 눈으로 곤충을 포착하여 능숙하게 잡는다.

칼새는 곤충만을 먹으며, 오로지 공중에서 잡는다. 거의 땅에 내리지 않을 만치 극단적인 수준으로 공중 생활을 한다. 심지어 날면서 짝짓기를 하는 어려운 일까지 해낸다. 바다거북이 물에서

진화 군비 경쟁의 정점

매는 날고 있는 먹이(군비 경쟁의 상대방)를 향해
최대 시속 322킬로미터로 내리꽂을 수 있다.

살기 위해 땅을 떠났듯이, 칼새의 조상은 하늘에서 살기 위해 땅을 떠났다. 둘 다 알을 낳을 때만 땅으로 돌아온다. 그리고 칼새는 땅에서 알을 품고 새끼를 기른다. 물에서 새끼를 낳을 수 있기에, 바다거북과 달리 결코 땅으로 돌아오지 않는 고래처럼 날면서 알을 낳는 것이 가능했다면 아마 칼새가 그렇게 했을 것이라는 느낌이 든다.

칼새는 아주 빨리 날며, 빠른 여행 속도가 비행의 한 가지 주된 이점임을 우리에게 상기시킨다. 한 세기 전에는 대서양을 건너려면 대형 원양 여객선을 타야 했고, 건너는 데 여러 날이 걸렸다. 지금은 비행기로 몇 시간이면 건넌다. 이렇게 차이가 나는 주된 이유는 물이 공기보다 마찰이 훨씬 크기 때문이다. 공중에서도 마찰의 크기는 높이에 따라 달라진다. 비행기는 더 높이 날수록, 공기가 희박해져서 항력이 줄어든다. 현대 여객기가 높이 나는 이유가 그 때문이다. 더 높이 날지 않는 이유는? 한 가지 이유는 엔진에서 연료를 연소하는 데 필요한 산소가 부족해서다. 그래서 지구 대기 바깥에서 작동하도록 설계된 로켓은 사용할 산소를 지니고 간다. 아주 높이 나는 항공기의 설계에 영향을 미치는 요인들은 더 있다. 8장에서 살펴보겠지만, 양력을 얻으려면 공기가 필요한데, 아주 높은 고도에는 공기가 희박하므로 양력을 얻으려면 더 빨리 날 필요가 있다. 따라서 낮은 고도를 날도록 설계된 항공기는 높은 고도에서는 성능이 조금 떨어지며, 그 반대도 마찬가지다. 로켓도 양력을 얻으려면 공기가 필요하지만, 날개를

평생을 날면서 살아가기

칼새는 날개에 의지하는 생활을
극단까지 밀고 나갔다. 짝짓기도
하늘을 날면서 한다. 우리가 물속에서
헤엄치는 것이 낯설게 느껴지는 것만큼
칼새는 땅에서 걷는 것이 낯설게
느껴지지 않을까?

쓰지 않는다. 로켓은 엔진의 추진력을 이용하여 직접 중력에 맞
선다. 그리고 일단 궤도 속도에 다다르면, 엔진을 끄고서 무중력
상태로 떠 있을 수 있다. 여전히 극도로 빠르게 날아가면서다.

어릴 때 나는 로켓 엔진이 우주 공간에서는 작동하지 않는 것
이 아닐까 생각하곤 했다. '뒤로 밀어낼' 공기가 전혀 없으니까.
틀린 생각이었다. '뒤로 밀어내기'는 로켓의 작동과 전혀 상관이

없다. 이유는 이렇다.

먼저, 지상에서 일어나는 비슷한 사례를 두 가지 들어 보자. 커다란 대포가 포탄을 발사하면 엄청난 반동이 생긴다. 포열에서 포탄을 내뿜을 때, 대포의 바퀴가 들썩일 만치 반동이 크다. 그런데 이 반동을 대포 앞에서 포탄이 공기를 '뒤로 밀어내서' 생기는 것이라고 생각할 사람은 아무도 없다. 실제로 벌어지는 일은 이렇다. 탄피 안에서 화약이 폭발할 때, 폭발로 생긴 가스는 격렬하게 온갖 방향으로 내뿜어진다. 이때 좌우 양쪽으로 밀어 대는 힘은 서로 상쇄된다. 앞으로 미는 힘은 저항을 거의 받지 않은 채 포열을 따라 포탄을 쭉 밀어낸다. 뒤로 미는 힘은 대포를 밀며, 그래서 대포가 뒤로 들썩거리는 것이다.

얼음 위에서 썰매에 앉아 앞으로 밀 때도 똑같은 반동을 느낄 것이다. 자신이 가고자 하는 방향과 반대 방향으로 총알 세례를 받는 듯하다. 물리학에 관심이 있는 독자라면, 지금 말하는 내용이 뉴턴의 제3법칙임을 알 것이다. "모든 작용에는 크기가 똑같고 방향이 반대인 반작용이 있다." 총알이나 썰매는 공기를 반대 방향으로 밀어내서 움직이는 것이 아니다. 썰매가 진공 속에 있다면 더 빨리 움직일 것이다. 진공에서 움직이는 로켓 엔진도 마찬가지다.

지구는 자전축이 기울어져 있어서 태양 주위를 돌 때 계절의 변화가 일어난다. 이는 달이 바뀌면 먹거나 번식하기에 가장 좋은 곳이 달라진다는 의미다. 많은 동물에게는 장거리를 이주하는 데 드는 비용보다 날씨가 더 좋은 곳을 찾았을 때 얻는 갖가지 혜택이 더 크다. 그리고 물론 '더 좋은' 곳은 우리 인간이 날씨가 좋은 곳이라고, 여름 휴가를 가기에 좋은 장소라고 여기는 곳과 다를 수 있다. 고래는 따뜻한 번식지에 있다가 자신들이 의지하는 먹이 사슬을 부양할 영양소가 해류를 통해서 풍부하게 공급되는 더 차가운 바다로 이주한다. 날개 덕분에 새는 아주 멀리까지 이동할 수 있다. 이주하는 조류 종은 많지만, 최고 기록은 북극제비갈매기가 갖고 있다. 해마다 약 2만 킬로미터를 날면서 번식지인 북극권과 섭식지인 남극권 사이를 오간다. 여행에 걸리는 기간은 두 달에 불과하다. 이 엄청난 거리를 그 짧은 시간에 오가려면 비행하는 수밖에 없다. 북극제비갈매기는 헤미디 겨울 없이 여름을 두 번 보내며, 이 극단적인 사례는 이주하는 동물이 왜 그렇게 많은지에 대한 단서를 제공한다.

새뿐 아니라 이주하는 많은 동물은 지구력과 더불어 항법 기술도 아주 뛰어나다. 유럽의 제비는 아프리카에서 겨울을 난 뒤, 다음 여름에 똑같은 지점으로, 그것도 자신의 둥지로 돌아온다. 경이로운 수준의 정확한 항법 능력이다. 새가 어떻게 이런 일을 하는지는 오랫동안 수수께끼였다. 지금은 점점 풀리는 중이다.

조류학자들은 현재 각 새에게 가락지뿐 아니라 작은 위치 확인 송신기도 달아서 이동 경로를 추적할 수 있다. 큰 무리를 지어서 이주하는 새의 경로를 추적할 때는 레이더까지 쓰기도 한다. 그 결과 새가 몇 가지 항법 기술을 조합해서 쓰고 있다는 것이 드러났다. 조류는 종마다, 그리고 이주 단계별로 다른 식으로 이 기술을 조합해서 쓴다.

친숙한 이정표도 방향을 잡는 데 쓰인다. 특히 이주하는 새가 여정의 마지막 단계에서 작년에 썼던 둥지를 찾아낼 때 사용하는 것은 확실하다. 그러나 긴 여정 가운데 대부분의 구간에서는 강, 해안선, 산맥을 따라간다고 알려져 있다. 많은 종에서 첫 이주를 하는 어린 새들은 지리를 잘 아는 더 나이가 있고 경험이 많은 새들과 함께 가야 한다. 새는 이정표뿐 아니라, 몸에 내장된 나침반의 도움도 받곤 한다. 지금은 일부 종이 지구의 자기장에 민감하다는 사실이 잘 알려져 있다. 나침반의 방향을 어떻게 보거나 느끼는지가 명확히 드러난 것은 아니지만, 그렇게 한다는 것은 밝혀져 왔다. 그리고 여기서 '본다'는 딱 맞는 단어일 수도 있다. 그것이 어떤 원리나 구조이든지 간에 주된 이론에 따르면 그 메커니즘은 눈을 통해 작동하기 때문이다.

이주하는 새(곤충 및 다른 동물들도)가 태양도 나침반으로 삼는다는 것은 오래전부터 알려져 있었다. 물론 태양은 아침에 동쪽에서 떠서 한낮에 남쪽(남반구라면 북쪽)을 거쳐서 저녁에 서쪽으로 지므로 위치가 계속 바뀐다. 따라서 이주하는 새는 하루 중

장거리 이주 세계 최고 기록
북극제비갈매기는 극지에서 극지로
오가기에 결코 겨울을 접하지 않는다.
약 2만 킬로미터를 오가면서 양쪽
극지에서 늬금반을 보낸다.

몇 시인지를 알아야만 태양을 나침반으로 쓸 수 있다. 그리고 모
든 동물은 생체 시계를 지닌다. 사실 모든 세포에는 시계가 들어
있다. 우리의 체내 시계는 낮이나 밤의 특정한 시각에 특정한 일
을 하고 싶게 만들고, 배가 고프다거나 졸립다는 느낌을 일으킨
다. 생체 시계 연구자들은 사람들을 바깥 세계와 완전히 차단된

"내가 원하는 것은 오로지 높이 솟은 배와 방향을 알려 줄 별 하나뿐*"

큰곰자리의 국자 끝에 놓인 두 별을 잇는 가상의 직선을 위로 죽 그을 때,
가장 먼저 만나는 밝은 별이 바로 북극성이다.

———————————

* 존 메이스필드John Masefield의「그리운 바다Sea-Fever」중 한 구절

지하 벙커에 넣고 실험을 한다. 갇힌 사람들은 스스로 생각하는 24시간 주기에 따라서 자고 깨고, 전등을 켜고 끄고, 식사를 하는 등 정상적인 활동을 계속한다. 짐작하겠지만, 정확히 24시간은 아니다. 이를테면, 10분이 더 길 수도 있다. 그러면 서서히 바깥 세계와 어긋나게 된다. 그것이 바로 하루 주기를 영어로 단순히 '디언dian'(dies는 '낮'을 뜻하는 라틴어) 주기가 아니라 '서케이디언circadian' 주기(circa는 '일주'를 뜻하는 라틴어)라고 부르는 이유다. 정상 조건에서는 태양을 봄으로써 매일 하루 주기 시계가 다시 맞추어진다. 모든 동물처럼 이주하는 새도 태양을 나침반으로 이용하려면 그런 시계가 필요하기에 몸에 지니고 있다.

이주하는 몇몇 동물들은 밤에 날기 때문에 태양을 기준으로 삽을 수 없다. 대신에 별을 이용할 수 있다. 대부분의 사람들은 지구의 자전과 상관없이 북극성이 거의 북극점 바로 위에 떠 있다는 것을 안다. 따라서 북반구에서 북극성은 믿을 만한 나침반으로 삼을 수 있다. 그런데 수많은 별 중에서 어느 것이 북극성인지 어떻게 알까?

여동생과 내가 어렸을 때, 부친은 아주 유용한 것을 많이 알려주셨다. 그중에는 쉽게 찾을 수 있는 북두칠성, 즉 큰곰자리를 이용하여 북극성을 찾아내는 방법도 있었다. 그냥 북두칠성의 국자 끝에 있는 두 별을 잇는 직선을 위로 죽 그었을 때 처음으로 마주치는 밝은 별을 찾으면 된다. 그 별이 바로 북극성이며, 밤에 길잡이로 삼을 수 있다. 북반구에서는 그렇다. 하지만 먼 태평양의 섬들 사이를 항해하는 폴리네시아인들처럼 남반구에 산다면, 조금 더 복잡한 방법을 써야 한다. 남반구에서는 남극점 위에 늘 머물러 있는 밝은 별이 없기 때문이다. 남십자성은 남극점에 그다지 가깝지 않다. 이 문제는 뒤에서 다시 살펴보기로 하자.

그런데 북반구에서는 북극성을 이용할 수 있다고 할지라도, 밤에 나는 새는 어느 별이 항로를 찾는 데 적합한지 어떻게 알까? 이론상 그들의 유전자에 별 지도가 담겨 있을 수도 있겠지만, 조금 억지스러워 보인다. 더 설득력 있는 이론도 있으며, 코넬대학교의 스티븐 엠렌Stephen Emlen이 천체 투영관에서 진행한 일련의 탁월한 실험 덕분에 우리는 북아메리카 유리멧새가 그 이론에 부합한다는 것을 안다.

☞ 유리멧새는 아름다운 파란색이며, 사실 '파랑새'라고 부르는 편이 딱 맞을 수도 있다. 영국에는 그 정도로 파란색을 띤 새가 없다. 그런데도 호주 작곡가 퍼시 그레인저Percy Grainger가 경쾌하게 편곡한 「영국 시골 정원English Country Garden」이라는 노래에는 기이하게도 파랑새라는 단어가 나온다(호주에는 정말로 몇몇 아주 화려한 파란색 새들이 있다). 또 "도버의 하얀 절벽 위에 파란 새들이 있으리라"라는 가사가 나오는 애국심 넘치는 군가도 있다. 이 구절이 영국 공군의 파란 군복을 시적으로 언급한 것이었다면 멋지겠지만, 아마 그 미국 시인은 그저 영국에는 파랑새가 전혀 없다는 사실을 모른 채 썼을 것이다. 아니면 그

냥 '시적 허용'이라고 보자. 그러면 아무런 문제도 없다!

유리멧새는 장거리 이주자이며 밤에 난다. 이주 시기가 되면, 새장에 갇힌 유리멧새는 본래 이주하는 쪽의 창살에 부딪치면서 파드닥거린다. 엠렌은 특수한 원형 새장을 써서 날아가고 싶어 하는 이 새들의 행동을 기록하는 방법을 고안했다. 그는 새장의 아래쪽을 깔때기 모양으로 만들었다. 그런 다음 깔때기 위에 하얀 종이를 깔았고, 맨 아래 바닥에는 잉크 패드를 놓아서 새가 내려앉으면 발에 잉크가 묻도록 했다. 그러면 새들이 파닥거리면서 자신이 선호하는 방향으로 날아올랐다가 내려앉을 때 종이에 발자국이 찍혔다. 그 뒤로 새의 이주를 연구하는 이들이 이 장치를 널리 쓰면서, '엠렌 깔때기Emlen Funnel'라는 이름이 붙었다. 유리멧새는 가을에 대체로 남쪽 방향으로 날아올랐다. 그들이 본래 이주하는 곳인 멕시코와 카리브해 연안의 월동지가 있는 방향이었다. 또 봄에는 본래 들이기는 캐나다와 북 아메리카의 섭식지가 있는 북쪽 방향으로 날아올랐다.

엠렌은 운 좋게도 천체 투영관을 빌릴 수 있는 자리에 있었기에, 깔때기 새장을 그 안에 설치했다. 그는 인공 별 지도를 조작하거나, 하늘에서 일부 구역을 지우는 등 일련의 흥미로운 실험을 했다. 이런 방법으로 그는

북극성처럼 일정할까?

엠렌 깔때기의 벽에 찍힌 유리멧새의 잉크 발자국은 이주하고 '싶은' 방향을
나타낸다(크기 비율은 무시했다).

유리멧새가 실제로 별, 특히 큰곰자리, 케페우스자리, 카시오페
이아자리 등 북극성 가까이에 있는 별들을 이용한다는 사실을 증
명할 수 있었다(북반구의 새라는 점을 기억하자).

　아마 그의 천체 투영관 실험에서 가장 흥미로운 부분은 엠렌
이 한 질문이었을 것이다. "새는 어느 별을 항로 파악에 쓸 수 있
는지 어떻게 알까?" 그는 유전자에 별 지도가 새겨져 있다는 가
설 대신에, 이주하기 전에 어린 새가 밤하늘의 회전하는 별들을
지켜보면서, 특정한 영역에 있는 어떤 별들은 회전 중심 가까이

에 있어 거의 돌지 않는다는 것을 배운다고 추정했다. 이 방법은 북극성이 존재하지 않는다고 해도 먹힐 것이다. 회전하지 않음을 알아볼 수 있는 영역이 하늘에 여전히 있을 것이고, 그곳이 북쪽일 것이다. 남반구의 새라면 그곳은 남쪽이 된다.

엠렌은 아주 독창적인 실험으로 이 개념을 검증했다. 그는 새끼 새들을 직접 기르면서 오로지 천체 투영관의 별들만을 보여 주었다. 일부 새들에게는 별들이 북극성을 중심으로 회전하도록 투영한 천체를 보여 주었다. 가을에 깔때기 새장에서 검사하니, 그 새들은 정상적인 이주 방향을 선호했다. 또 다른 새끼 새 집단은 다른 조건에서 키웠다. 천체 투영관의 별들만 보도록 한 것은 마찬가지였다. 다만 이번에는 투영된 천체를 조작해서 북극성이 아니라 또 다른 밝은 별인 베텔게우스(북반구에 산다면 오리온자리의 왼쪽 어깨, 남반구에 산다면 오른쪽 발에 해당한다)를 중심으로 밤하늘이 돌도록 했다. 깔때기 새장에서 검사했을 때 이 새들은 어떤 반응을 보였을까? 놀랍게도 새들은 베텔게우스가 정북에 있는 양 여겼고, 그리하여 엉뚱한 방향으로 날아오르곤 했다.

하지만 이쯤에서 우리는 '지도'와 '나침반'을 구별할 필요가 있다. 남서쪽으로 날아가려면, 나침반만 있으면 된다. 그러나 전서구는 나침반만으로는 부족하다. '지도'도 필요하다. 전서구는 바구니 안에 든 채로 어디론가 멀리 운반된 뒤에 풀려난다. 그들은 아주 빨리 집으로 날아오므로, 자신이 풀려난 곳이 어디인지를 알아차릴 어떤 수단이 있는 것이 틀림없다. 게다가 전서구를 실험하는 이들은 새가 안전하게 집으로 오는지 여부만을 기록하는 것이 아니다. 풀어놓는 지점에서 새장 문을 연 뒤에 쌍안경으로 새가 날아가는 모습을 지켜보다가 시야에서 사라질 때 방위도 기록한다. 전서구는 친숙한 이정표를 쓸 수 있는 곳에서 아주 멀리 떨어져 있어도, 분명히 집이 있는 방향으로 사라지는 경향을 보인다.

무선 기술이 등장하기 전에 군대는 전서구를 써서 사령부와 부내에 서로의 전갈을 보냈다. 제1차 세계 대전 때 영국군은 런던 버스를 개조하여 야전 비둘기장으로 썼다. 제2차 세계 대전 때 독일군은 특수 훈련을 시킨 매로 영국군의 전서구를 가로챘다. 이는 조류학적 군비 경쟁을 촉발시켰다. 영국군은 매를 잡는 특수 요원을 선발했다.

따라서 나침반이 아무리 정확하다고 해도 전서구는 그것만으로는 부족하다. 나침반을 사용하려면, 전서구는 먼저 자신이 어디에 있는지를 알아야 한다. 전서구만이 아니다. 모든 장거리 이주자들도 바람에 밀려서 경로에서 벗어나면 알아차리고 경로로 돌아가기 위해 지도가 필요할 것이다. 사실 연구자들은 이주하는 새들을 인위적으로 경로에서 벗어나게 하는 실험을 해 왔다. 이주하고 있는 새들을 포획한 뒤 조금 떨어진 곳에 풀어 주는 것이다. 이를테면 160킬로미터 동쪽으로 옮긴 뒤 풀어 준다. 그곳에서 원래와 똑같이 나침반 방향을 그대로 따라간다면, 그들은 원래 목적지에서 160킬로미터 동쪽으로 떨어진 곳에 도착하게 될

"나는 내가 어디에 있는지 알고, 어디로 가고 있는지도 알아"
전서구는 나침반뿐 아니라 지도도 필요하다.

것이다. 그러니 새들은 어떻게든 원래 목적지를 찾아갈 방법이 있어야 한다. 경로에서 벗어났을 때 보정을 하는 방법이 바로 조류가 집을 찾아가는 방법일 수 있다. 이 방법은 인간이 그들을 옮길 수 있는 자동차, 열차를 발명하기 한참 전에 진화했다.

새의 '지도'가 무엇인지를 놓고 다양한 이론이 제시되어 왔다. 경험 많은 새들에게는 친숙한 이정표가 중요한 역할을 하리라는 것이 분명하다. 냄새도 중요하다는 증거가 있다. 따라서 냄새도 특별한 종류의 이정표라고 할 수 있다. 관성 항법은 이론상으로는 가능하겠지만, 현실에서는 쓸모가 없을 것이다. 우리는 설령 눈을 가린 채 자동차에 타고 있다고 해도, 방향 변화를 포함하여 가속과 감속을 느낄 수 있다(아인슈타인이 말했듯이, 등속 운동은 감지하지 못할지라도). 이론상 컴컴한 바구니에 들어 있는 비둘기는 자동차에 태워져 집에서 멀어져 갈 때 모든 가속과 감속, 모든 우회전과 좌회전 횟수와 거리를 암기하고 있을 수도 있다. 그런 뒤 풀어놓으면 그 값을 다 더해서 집이 어디에 있는지를 계산할 수도 있을 것이다. 이론상으로는 그렇다.

제프리 매슈스Geoffrey Matthews라는 연구자는 관성 항법 이론을 검증하기로 했다. 그는 빛을 차단한 원통 안에 비둘기를 넣은 뒤, 집에서부터 풀어놓는 지점까지 차에 태우고 가면서 원통을 계속 회전시켰다. 그렇게 지독한 대우를 받은 뒤에도, 비둘기들은 어떻게든 간에 집으로 가는 경로를 찾아냈다. 요점만 말하자면, 이는 관성 항법 가설이 맞지 않는다는 의미다. 여기서 한 가지 오류를 바로잡을 필요가 있겠다. 어느 교양서에는 이 실험 기구가 레미콘 트럭이 도로를 달릴 때 뒤에서 빙빙 돌아가는 콘크리트 혼합기였다고 적혀 있다. 매슈스의 유머 감각과 잘 어울리는 생생한 이미지이지만, 사실이 아니다.

인간은 천체 관측을 토대로 자신이 어디에 있는지를 계산할 수 있다. 원양 항해자들은 오래전부터 육분의를 써서 자신의 위치를 정확히 알아냈다. 제2차 세계 대전 때 내 숙부는 자신이 타

고 있는 수송선의 위치를 기밀이라고 알려 주지 않자, 영리하게
도 ─ 그리고 자신이 으레 했듯이 ─ 직접 육분의를 만들어서 위
치를 알아내고자 했다. 그러다가 간첩이라고 체포될 뻔했다. 육
분의는 두 표적 사이, 이를테면 태양과 수평선 사이의 각도를 측
정하는 기구다. 정오에 해가 떠 있는 각도를 이용하면 자신이 있
는 위도를 알아낼 수 있지만,
그러려면 먼저 언제가 그 해역
의 정오인지를 알아야 하는데,
정오는 경도에 따라 달라진다.
그리니치 자오선(또는 독자가
비둘기라면 비둘기장)처럼 어떤
기준으로 삼을 수 있는 경도 지
역이 지금 몇 시인지 정확히 알
려 주는 시계가 있다면, 그 시
각과 지금 와 있는 해역의 시각
을 비교할 수 있을 것이고, 그

**선원은 새의 기술을
재발견한 것일까?**
전서구는 선원의 육분의에 해당하는
무언가를 쓸 수 있는 것일까?
어리석은 생각은 아니지만 증거가
더 필요하다.

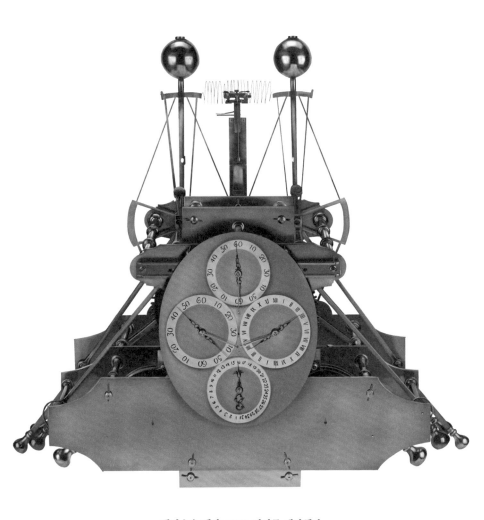

해리슨은 해양 크로노미터를 개량했다

세밀하게 다듬은 각 부분들로 이루어진 이 복잡한 장치의 부품 하나하나가
조금씩 개량될 때마다 치명적인 결과를 빚어낼 수도 있는 항로 오차는
몇 킬로미터씩 줄어들었다. 이주하는 새는 그 정도의 정밀도를 필요로
하지 않겠지만(난파될 일이 없으므로),
아무튼 어떻게 항로를 정확히 찾아내는 것일까?

러면 이론상 자신이 있는 곳의 경도를 알아낼 수 있다. 하지만 여기서 다시 문제가 생긴다. 지금 있는 곳이 몇 시인지를 어떻게 알 수 있을까? 제프리 매슈스는 비둘기가 태양의 고도뿐 아니라, 일정 기간에 걸친 태양의 호 운동까지 관찰한다고 주장했다. 물론 호를 확대 추정하려면 태양을 얼마간 지켜보아야 할 것이다. 그럴 가능성이 낮아 보일지 모르겠지만, 엠렌 천체 투영관 실험을 통해서 우리는 그것이 유리멧새 새끼가 하늘의 특정 영역이 회전의 중심이라는 것을 알아차릴 때 하는 행동과 그리 다르지 않다는 것을 안다. 그리고 매슈스의 학생인 앤드루 화이튼Andrew Whiten은 실험실에서 비둘기가 그 일을 해낼 수 있음을 보여 주었다.

비둘기는 태양의 겉보기운동의 호를 확대 추정함으로써, 이론상 그 지역의 정오 때 태양이 가장 높이 떠 있을(또는 떠 있었을) 지점, 즉 최고 고도가 어디인지를 알아낼 수 있을 것이다. 앞서 정오 때 태양의 높이가 위도를 알려 준다고 말했다. 그리고 계산한 최고 고도와 수평선이 이루는 각도는 그 지역의 시간을 알려 준다. 이 지역 시간을 체내 시계가 알려 주는 비둘기장(비둘기 나름의 그리니치 자오선)의 시간과 비교한다면, 자신이 있는 곳의 경도를 알 수 있을 것이다.

불행히도 그 시계가 조금만 부정확해도 항로에는 큰 오차가 생긴다. 저명한 해양 탐험가 페르디난드 마젤란Ferdinand Magellan은 첫 세계 일주 항해 때 모래시계 열여덟 개를 가져갔다. 모래시계를 써서 항해를 했다면, 오차가 엄청났을 것이다. 18세기에도 이 문제가 심각했기에 영국 정부는 해양 크로노미터, 즉 바다에서 파도가 치는 가운데에도 시간을 정확히 가리킬 수 있는 시계를 발명한 사람에게 거액의 상금을 주겠다고 발표했다. 추시계로는 불가능할 터였다. 상금을 받은 사람은 요크셔의 목수인 존 해리슨John Harrison이었다. 모든 동물들처럼 전서구도 체내 시계를 지니는 것은 분명하지만, 그 시계는 해리슨의 크로노미더, 아니 사실상 마젤란의 모래시계에도 따라올 수 없다. 하지만 하늘을 나는 새는 선원만큼 정확하게 시간을 알 필요가 없을 것이다. 항로를 잘못 든다고 해도 난파될 일이 없을 테니까. 아무튼 매슈스의 가설과 마찬가지로 천문 관측에 기대어 조류의 장거리 항법이라는 수수께끼를 풀려고 시도한 일반적인 유형의 이론들은 여럿 나와 있다.

새들이 다른 지도를 쓸 수도 있지 않을까? 자기장을 토대로 한 지도도 가능하며, 상어는 그런 지도를 쓴다고 알려져 있다. 지표면의 각 지역은 나름의 독특한 자기장 특성을 지닌다. 그런 특성은 어떤 형태를 띠고 있을까? 한 가지 가능성 있는 개념이 나와 있긴 하다. 이 이론은 자기 북극(또는 남극)이 진북(또는 진남)과 정확히 같지 않다는 사실을 이용한다. 나침반은 지구의 자기장 방향을 측정하는데, 사실 지자기의 방향은 지구의 자전축과 근사적으로만 일치할 뿐이다. 자기 북극과 진북의 차이를 자기 편차라고 하며, 나침반 이용자들은 정확성을 필요로 할 때는 이 점을 고려해야 한다. 이 편차는 장소마다 다르다(그리고 지구의 중심핵이 이동하기에 시간에 따라서도 달라진다. 긴 세월에 걸쳐서 보면 지구의 자기장 방향이 아예 뒤집히기도 한다). 예를 들어 북극성과 나침반의 북쪽을 가리키는 바늘 사이의 각도를 재는 식으로 이 편차를 측정할 수 있다면, 자신이 어디에 있는지를 알아낼 수 있을 것이다(자기장의 세기도 이용할 수 있다). 그것이 바로 우리가 찾고 있는 지역별 자기장 특성일 수도 있다.

유라시아개개비가 그런 일을 할 수 있다는 놀라운 증거가 몇 가지 있다. 러시아 연구진은 엠렌 깔때기를 써서 자기장을 인위적으로 8.5도 틀었다. 개개비가 단순히 자기 나침반을 쓴다면, 엠렌 깔때기 안에 넣었을 때 그들이 선호하는 방향도 8.5도 옮겨졌을 것이다. 그런데 실제로 그들이 파닥거리는 방향은 무려 151도나 이동했다. 자기장이 8.5도 이동하자, 그들은 편차를 토대로 계산을 거친 끝에 자신들이 러시아가 아니라, 스코틀랜드 애버딘에 있다고 여긴 것이다! 그 결과 그들이 엠렌 깔때기에서 택한 빙향은 애버딘에서 날아올라서 정상적인 이주 목적지까지 날아가는 데 필요한 바로 그 방향이었다. 애버딘의 자기장 특성은 자기 특성이 어떠한 것인지를 알려 주는 한 사례다. 자기 감각은 단순한 나침반이 아니라는 것을 이해하는 방향으로 한 걸음 나아간 것이라고 할 수 있다. 너무나 좋아 보이기에 믿기가 조금 어렵다는 점을 인정해야겠다.

말할 필요도 없겠지만, 어느 누구도 매슈스의 태양 항법 이론이 요구하는 것 같은 복잡한 계산을 새가 의식적으로 수행한다고 주장하지는 않는다. 당연히 새는 연필과 종이도, 자기 편차나 자기장 세기를 죽 적은 표에 상응하는 것도 지니고 있지 않다. 크리켓이나 야구 경기장에서 날아오는 공을 잡으려 할 때, 우리 뇌는 복잡한 미분 방정식을 푸는 것에 상응하는 일을 수행한다. 그러나 우리는 다리와 눈과 들어 올린 손을 조절하면서 공을 잡을 때 그런 계산을 하고 있다는 것을 전혀 의식하지 못한다. 새도 마찬가지다.

날개가 달린 동물은 다리만으로는 갈 수 없는 섬에도 갈 수 있다. 외딴섬에는 포유류가 전혀 없을 때가 많다. 또는 박쥐가 유일한 포유동물일 때도 있다(딩고나 몰래 숨어든 쥐처럼 사람을 통해 들어온 종들을 제외하고서). 박쥐가 있는 이유는? 당연히 날개가 있기 때문이다. 박쥐를 제외하면, 외딴섬은 대체로 포유류가 아니라 조류의 세상이다. 대개 땅 위에는 포유류가 돌아다니기 마련인데, 섬에서는 대신 새들이 돌아다닌다. 뉴질랜드의 국조인 키위는 땅에 사는 포유동물처럼 생활한다. 키위의 조상은 날 수 있었다. 그랬기에 뉴질랜드에 들어올 수 있었을 것이다. 다음 장에서 살펴보겠지만, 키위는 날개가 쪼그라들어서 더 이상 날 수 없는 전형적인 섬 새다. 그러나 애초에 그들이 섬에 들어온 것은 날개 덕분이었다.

섬 새의 날 수 있던 조상은 우연히, 아마 돌풍에 휘말려서 경로를 벗어나는 바람에 도착했을 것이다. 그리고 여기서 조금 다른, 미묘한 점을 강조할 필요가 있겠다. 이 장에서는 비행이 어디에 좋은지를 이야기하고 있다. 먹이를 찾고, 포식자를 피하고, 해마다 여름 섭식지로 이주하는 것 등은 모두 날개의 직접적인 혜택이다. 자연 선택은 새가 비행을 함으로써 그런 혜택을 얻도록 날개를 완벽하게 다듬었다. 모양과 작동 방식 등 모든 세세한 측면을 전부 완벽하게 고쳤다. 운 좋게 외딴섬에 자리를 잡는 것은 다른 문제다. 날개는 섬을 찾아서 자리를 잡고 진화할 목적으로 자연 선택이 빚어내는 게 아니다. 그것을 날개의 혜택이라고 말한다면, '혜택'이라는 단어를 조금 특이한 의미로 쓰고 있는 것이다. 즉, 희귀하면서 별난 사건을 혜택이라고 말하는 것이다. 몸속에 알을 지닌 채 이주하고 있던 어떤 암컷이 갑자기 들이닥친 엄청난 태풍 때문에 경로에서 벗어나 섬에 내려앉게 된 운 좋은 사건을 혜택이라고 말하는 것이다.

날개 없는 포유동물도 별난 사건으로 섬에 밀려오곤 한다. 설치류와 원숭이가 남아메리카에 어떻게 들어왔는지는 아무도 모른다. 둘 다 약 4천만 년 전에 들어왔으며, 그 결과 다양한 유형의 원숭이와 설치류—기니피그의 친척—가 엄청나게 생겨났다. 4천만 년 전의 세계 지도는 지금과 달랐다. 아프리카는 남아메리카와 더 가까웠고, 그 사이에 섬들이 있었다. 원숭이와 설치류는 아마 떠다니는 나무나 허리케인에 휩쓸려 바다에 빠진 나무에 실려서 이 섬, 저 섬으로 옮겨졌을 것이다. 그런 별난 사건은 한 차례만 일어나면 됐다. 새로운 섬에 도착한 표류자는 살고 번식하고, 이윽고 진화할 새로운 장소를 만난 것이다. 새에게도 같은 일이 벌어졌다. 날개 덕분에 애초에 유리한 입장이었다는 점이 다를 뿐이다. 그렇다고 해도, 그런 별난 이주 정착 사건을 날개의 혜택이라고 말할 수는 없을 것이다. 매일 먹이를 찾기 위해 높이 오를 수 있는 것이 날개의 혜택이라고 말할 때의 혜택과는 의미가 다르다.

비행은 엄청나게 유용한 능력, 온갖 목적을 달성하기에 유용한 능력처럼 보인다. 따라서 이런 의문이 들 수도 있다.
그렇다면 모든 동물이 날지 않는 이유는 무엇일까? 이 질문을 더 예리하게 다듬으면 이렇다. 많은 동물은 조상들이 지녔던 완벽하게 좋은 날개를 잃는 쪽으로 진화했는데, 그 이유가 대체 뭘까?

비행이 그토록
좋은 것이라면,
왜 일부 동물은
날개를 버렸을까?

돼지 날다

돼지는 날지 못하지만, 날 수도 있지 않았을까?
아니라면, 그 이유는? 동물이 무언가를 하지 않는 이유를 궁금해해도 되는
것일까? 일부 동물이 날지 않는 이유를 묻는 것처럼?

3장

비행이 그토록 좋은 것이라면,
왜 일부 동물은 날개를 버렸을까?

왜 바다는 뜨겁게 끓고 있는가.

그리고 돼지는 날개가 있는가.

루이스 캐럴, 『거울 나라의 앨리스』, 1871년

바다는 뜨겁게 끓고 있지 않다. 언젠가(약 50억 년 뒤)는 끓겠지
만. 그리고 돼지는 분명히 날개가 없지만, 날개가 없는 이유를 묻
는 것이 반드시 어리석은 것은 아니다. 더 일반적인 질문에 다가
가는 장난스러운 방식이라고 볼 수 있으니까. "이러저러한 것이
아주 좋다면, 왜 모든 동물이 그것을 지니고 있지 않은 것일까?
왜 돼지를 비롯한 모든 동물이 날개를 지니고 있지 않은 것일까?"
많은 생물학자는 이렇게 말할 것이다. "날개를 진화시키는 데 필
요한 유전적 변이를 자연 선택이 결코 이용할 수 없었기 때문이
다. 적절한 돌연변이가 출현하지 않았고, 아마 돼지의 배아 발생
때 이윽고 날개로 자랄 수도 있을 작은 돌기가 나오는 일이 일어

나지 않았기 때문에 날개가 돋을 수 없었을 것이다." 곧장 그 답으로 넘어가지 않는다는 점에서 나는 생물학자 중에서 조금 별나다고 할 수 있다. 나는 다음과 같은 세 가지 답을 조합해 덧붙이고자 한다. "날개는 그들에게 유용하지 않을 것이기 때문에, 날개는 그들 나름의 생활 방식에 불리할 것이기 때문에, 설령 날개가 그들에게 유용할지라도 경제적 비용이 그 유용성을 초과하기 때문에." 날개가 언제나 좋은 것은 아니라는 사실은 날개를 썼던 조상에게서 유래했지만 날개를 버린 동물들이 잘 보여 준다. 이 장에서는 그 이유를 설명하고자 한다.

일개미는 날개가 없다. 어디로 가든 걸어서 간다. 아니, '달린다'가 더 맞는 단어일 듯하다. 개미의 조상은 날개 달린 말벌이었고, 현대 개미는 진화 과정에서 날개를 잃었다. 그러나 우리는 그렇게까지 멀리 갈 필요도 없다. 일개미의 부모, 즉 어미와 아비 개미들은 날개가 있었다. 모든 일개미는 여왕의 유전자들을 온전히 다 지니고 있는 불임 암컷이며, 다르게 키워졌다면, 즉 여왕을 키우는 방식으로 키워졌다면 날개가 돋았을 것이다. 즉, 모든 개미의 유전자에는 날개를 돋게 할 능력이 잠재되어 있지만, 일개미는 그 잠재력이 발현되지 않는다. 날개를 만드는 데 무언가 문제가 있는 것이 틀림없다. 그렇지 않다면 일개미는 틀림없이 날개를 만드는 유전적 능력을 발휘할 것이다. 암컷에게 날개가 자랄 때도 있고 안 자랄 때도 있다면 날개를 돋게 하는 요인과 돋지 않게 하는 요인 사이에 섬세한 균형이 이루어져 있을 것이 틀림

이제 쓸모없어진 날개를 떼어 낸 여왕개미

일개미는 결코 날개를 만들지 않지만, 날개 달린 부모의 자식이며 날개를
만드는 방법도 자신의 유전자에 고스란히 담겨 있다. 그저 날개가 그들에게
딱히 좋은 것이라고 할 수 없을 뿐이다.

없다.

여왕이 원래 살던 집에서 멀리 떠나 새 둥지를 차리려면 날개
가 필요하다. 왜 멀리 떠나는 것이 좋은지는 11장에서 살펴보기
로 하자. 날개 덕분에 어린 여왕은 다른 둥지에서 날개로 날아오
른 수컷을 만날 수도 있다. 마찬가지로 그런 이계 교배가 좋은 일
일 수 있는 이유도 뒤에서 살펴보기로 하자. 일개미는 번식을 하
지 않으므로, 이 두 가지가 모두 필요하지 않다. 대개 일개미는 한
정된 땅속 공간을 기어 다니면서 대부분의 시간을 보낸다. 땅속

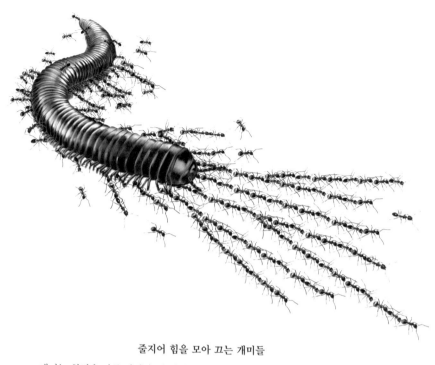

줄지어 힘을 모아 끄는 개미들
개미는 협력을 아주 잘한다. 혼자서는 끌 수 없는 아주 큰 노래기를 개미들이
길게 줄지어서 힘을 모아 끌고 있다.

둥지의 비좁은 통로와 방을 돌아다닐 때 날개는 아마 방해가 될
것이다. 여왕개미가 평생에 한 번 하는 짝짓기 뒤에 새로운 땅속
둥지를 짓기 적당한 곳에 내려앉아서 날개를 떼어 낸다는 사실은
그럴 가능성이 높음을 생생하게 보여 주는 사례다. 자기 날개를
물어서 뜯어내는 종도 있고, 다리로 차서 떼어 내는 종도 있다.
　자기 날개를 물어서 뜯어낸다는 사실 자체는 날개가 반드시
바람직한 것은 아니라는 사실을 극적으로 증명한다. 날개는 짝짓

기 비행을 하고 새로운 둥지 자리를 탐색하는 목적에 봉사했다. 계속 간직하려면 추가로 비용이 들 것이고 아마 땅속에서는 방해가 되기 때문에, 여왕개미는 날개를 떼어 버리거나 먹어 치운다.

물론 일개미가 언제나 땅속에서만 지내는 것은 아니다. 밖으로 나와 먹이를 찾아서 둥지로 가져가기도 한다. 날개가 땅속에서는 지장을 준다고 해도, 밖에서는 조상인 말벌처럼 빠르게 먹이를 찾을 수 있게 해 줄 테니까 그냥 지니고 있는 편이 더 나을 수도 있지 않을까? 말벌이 개미보다 더 빨리 돌아다닐 수도 있겠지만, 이 점을 생각해 보라. 일개미는 자기보다 훨씬 더 무거운 먹이를 둥지로 끌고 돌아오곤 한다. 딱정벌레 한 마리를 통째로 끌고 오기도 한다. 그렇게 큰 먹이는 갖고 날 수가 없다. 때로 일개미들은 협력하여 더욱 큰 먹이도 끌고 온다. 군대개미 무리는 심지어 전갈까지 통째로 끌고 온다. 말벌과 벌이 먼 거리를 돌아다니면서 소량의 먹이를 모으는 반면, 개미는 상대적으로 집 근처를 돌아다니면서 날아서는 갖고 올 수 없는 커다란 먹이까지 끌고 오는 쪽으로 분화했다. 짐을 최대로 들지 않는다고 해도, 비행은 매우 에너지 집약적인 활동이다. 뒤에서 살펴보겠지만, 말벌의 비행 근육은 아주 작은 왕복 기관이며, 비행 연료인 당을 많이 태운다. 날개 자체도 자라는 데 비용이 많이 들 것이 틀림없다. 모든 부속지는 먹어서 몸에 흡수한 물질로 만들어야 하며, 한 둥지에 있는 일개미 수천 마리에게 날개를 네 개씩 달려면 적잖은 비용이 들 것이다. 군집이 이용할 수 있는 경제적 자원이 크게

한때 날개를 지녔던 흰개미 여왕

이제는 거대한 알 공장이나 다름없는
상태가 되어 있다. 겉뼈대의 갈색 판들이
서로 멀리 떨어져 있을 정도로 배가
기괴하게 늘어나 있다.

줄어들 수 밖에 없다. 아마 이 모든 사항이 일개미에게 날개가 돋
지 않는 쪽으로 균형을 기울였을 것이다. '균형을 기울이다'라는
표현은 금방 와닿으며, 경제적 균형이라는 개념은 이 책에서 계
속 접하게 될 것이다. 진화적 이점을 묻는 질문 — 이 기관은 어
디에 좋을까 — 은 언제나 트레이드오프trade off라는 경제적 계산
을 수반하게 마련이다. 즉, 이익과 비용 사이의 형평을 헤아려야
한다.

   흰개미termite는 몇몇 측면에서는 개미와 전혀 다르지만, 비
슷한 측면도 많다. 어릴 때 아프리카에서 우리는 이 동물을 '흰개

미white ant'라고 불렸지만, 사실 그들은 개미가 아니며 개미와 가깝지도 않다. 개미는 말벌과 벌의 친척인 반면, 흰개미는 바퀴벌레와 더 가깝다. 흰개미는 바퀴벌레와 비슷한 조상에게서 출발하여 독자적으로 개미와 비슷한 생활 방식을 갖는 쪽으로 진화했다. 개미도 말벌처럼 생긴 조상에게서 출발하여 흰개미와 비슷한 생활 방식을 갖는 쪽으로 진화했다. 그러나 두 집단은 중요한 차이가 있다. 개미, 벌, 말벌의 일꾼들은 언제나 불임 암컷인 반면, 흰개미 일꾼은 불임 암컷뿐 아니라 불임 수컷으로도 이루어져 있다. 하지만 흰개미 일꾼들은 날개가 없는 반면, 번식하는 암컷(여왕)과 수컷(왕)은 날개가 있고 여왕과 왕이 날개 달린 개미와 동일한 역할을 하고 있다는 점에서는 개미와 같다. 날개 달린 흰개미들도 개미와 비슷한 방식으로 무리를 지어서 날고 해마다 특정한 시기에 장관을 펼친다. 어릴 때 아프리카의 친구들은 날개 달린 '흰개미들'이 떼 지어 날고 있으면 그 한가운데로 뛰어들어서 흰개미들을 입에 마구 집어넣곤 했다. 그러면서 아주 별미라고 자랑했다. 개미와 마찬가지로, 그리고 아마 같은 이유로(대개 흰개미는 개미보다도 더 많은 시간을 닫힌 공간에서 보낸다) 흰개미 여왕은 짝짓기 비행을 한 뒤에 날개를 떼어 낸다. 사실 여왕은 기괴할 만치 부풀어 있는 모습으로 변한다. 날개를 지닌다는 생각 자체가 농담처럼 여겨질 모습이다. 머리, 가슴, 다리는 분명히 곤충의 것이지만, 배가 엄청나게 부풀어서 알이 가득한 살진 하얀 주머니처럼 변한다. 여왕은 그저 걷는 알 공장이나 다름없다. 실제로는 걷지도 않는다. 너무 뚱뚱해서 걸을 수가 없다. 여왕은 평생에 걸쳐서 1억 개가 넘는 알을 낳는다.

개미와 흰개미 일꾼은 이 장의 이야기가 어떻게 펼쳐질지 짐작게 하는 사례다. 모두 유전적으로 날개를 돋울 능력을 갖추고 있지만 날개를 만들지 않기 때문이다. 앞서 살펴보았듯이, 여왕개미는 자기 날개를 뜯어내거나 물어뜯기까지 한다. 자기 날개를 물어뜯는 새는 없다. 상상조차도 하기 어렵다. 척추동물 중에서 내가 그나마 생각해 낼 수 있는 아주 조금 비슷한 사례는 꼬리 자르기(자절)다. 자절autotomy의 영어 단어는 스스로 자르기라는 뜻의 그리스어에서 유래했다. 자절은 포식자에게 꼬리가 잡혔을 때 꼬리의 일부 또는 전부를 떼어 내 버리는 것을 말한다. 파충류와 양서류에게서 여러 차례 독자적으로 출현한 유용한 비결이다. 그러나 조류에게서는 한 번도 진화하지 않았다. 여왕개미와 달리, 새는 결코 날개를 스스로 잘라 내지 않는다. 그러나 긴 진화 시간에 걸쳐서 보면, 날개가 서서히 쪼그라들거나 아예 사라진 새도 많다. 특히 섬에 사는 새들이 그렇다. 오늘날 날지 못한다고 알려진 새는 60종이 넘는다(멸종한 새까지 치면 훨씬 더 많다). 거위, 오리, 앵무, 매, 왜가리 종류도 있고, 뜸부기류는 트리스탄다쿠냐의 갈수없는섬뜸부기를 포함해 30종이 넘는다.

섬의 새들은 왜 진화하는 동안 비행 능력을 잃는 것

일까? 앞 장에서 살펴보았듯이, 날지 못하는 새는 대개 포유류 포식자나 경쟁자가 들어가지 못했던 아주 외딴섬에서 발견되곤 한다. 포유동물이 없으면 두 가지 효과가 나타난다. 첫째, 날개를 써서 섬에 들어온 새가 대개 포유류가 채웠을 생활 방식들을 독차지할 수 있다. 굳이 날개가 필요 없는 생활 방식들이다. 뉴질랜드에서는 커다란 포유동물이 맡는 역할을 지금은 멸종한 날지 못하는 새인 모아가 채웠다. 키위는 중간 크기의 포유동물처럼 행동한다. 그리고 뉴질랜드에서는 작은 포유동물의 역할을 날지 못하는 굴뚝새인 스티븐스섬굴뚝새와 날지 못하는 곤충인 거대한 귀뚜라미 웨타wetas가 채우고 있다(또는 채웠다. 스티븐스섬굴뚝새는 최근에 멸종했다). 모두 날개를 지녔던 조상들의 후손이다.

둘째, 자기 섬에 포유동물 포식자가 전혀 없기에, 새는 먹히지 않게 달아나는 데 날개가 꼭 필요한 것이 아님을 '발견한다'. 아마 하늘을 날던 어떤 비둘기 종류의 후손일 모리셔스섬의 도도와 이웃 섬들의 날지 못하는 친척 새들이 그런 사례일 것이다.

여기서 '발견한다'에 따옴표를 친 이유가 있다. 모리셔스섬이나 로드리게스섬에 막 도착한 이 조상 비둘기들이 주위를 둘러보고서 이렇게 말하지는 않았을 것이 분명하기 때문이다. "오, 좋네. 포식자가 전혀 없어. 모두 날개를 없애자." 실제로는 우연히 평균보다 조금 더 작은 날개를 만드는 유전자를 지니게 된 개체들이 대대로 성공을 거둠으로써, 세대가 흐를수록 날개가 점점 작아지는 식으로 일이 진행되었을 것이다. 아마 날개를 만드는 데 드는 경제적 비용을 아낄 수 있었기 때문일 것이다. 덕분에 그들은 자식을 더 많이 키울 여유를 누릴 수 있었고, 그 새끼들은 조금 더 작은 날개를 물려받았다. 그렇게 세대가 지날수록 날개는 꾸준히 줄어들었다. 한편 비둘기의 몸집은 점점 커졌다. 날개를 만들고 쓰는 데 필요한 신체 자원을 아껴 다른 부위로 돌릴 수 있으므로, 그렇게 되리라는 것을 짐작할 수 있다. 비행에는 많은 에너지가 들므로, 절약된 에너지가 몸집을 키우는 등 다른 곳에 쓰인다는 것은 매우 이치에 맞는다. 다만 몸집이 커지는 쪽으로 진화하는 것은 섬 동물들의 일반적인 특징이다. 따라서 그 이상의 무언가가 있을 수도 있다. 그런데 혼란스럽게도, 더 작아지는 사례도 종종 있다. 다음 장에서 살펴보겠지만, 원래 큰 동물은 섬에 들어오면 작아지고, 작은 동물은 커지는 경향을 보인다는 주장이 있다.

박쥐는 외딴섬까지 들어와서 자리를 잡을 수 있는 유일한 포유류일 때가 많다. 이유는 명백하다. 그런데 섬에서든 다른 어디에서든 간에, 나는 박쥐가 비행 능력을 잃은 사례를 전혀 알지 못한다. 나는 이 점이 놀랍다. 섬에서 새가 날지 못하도록 진화한 이유를 박쥐에게도 똑같이 적용할 수 있지 않을까? 그래서 나는 그저 아직까지 그런 박쥐가 눈에 띄지 않은 것이 아닐까 생각해 본다. 앞으로 분자유전학 검사를 통해서 어느 섬의 '땅쥐' 종이 사실은 박쥐 집단에서 튀어나온 것임이 (진화적 의미에서) 드러날 수도 있지 않을까? 그런 추측을 하고 있으면 재미있다. 지금까지는 틀린 양 보일지 모르지만, 나중에 연구를 통해 우리가 옳다는 것이 입증될 가능성도 얼마든지 있다. 더 이상한 일들도 일어나곤 했으니까. 분자유전학이 등장하기 전까지 고래가 우제류의 한가운데에서 튀어나왔다는 것을 누가 추측이나 했겠는가? 하마는 돼지보다 고래와 더 가깝다! 고래는 더 이상 둘로 갈라진 발굽을 지니고 있지 않음에도, 여전히 우제류다!

도도는 포식자가 없었기에 날개를 잃었을 것이다. 그러나 불행하게도 도도는 17세기에 선원들이 등장하자 살아남지 못했다. '도도dodo'라는 말이 '바보'라는 뜻의 포르투갈어에서 나왔다는 주장이 있다. 도도는 곤봉을 들고 '운동' 삼아 자신들을 때려잡는 선원들을 피해 달아나지 않았기에 바보였다. 그러나 그들이 달아나지 않은 이유는 그전까지 섬에서 달아날 만한 일이 전혀 없었기 때문일 것이다. 애초에 그들의 조상이 날개를 잃은 이유가 바로 그것이다. 아마 선원들이 '운동' 삼아 때려잡거나 먹기 위해 사냥한 것보다(당시 기록을 보면 별맛이 없었다고 한다) 더욱 중요한 멸종 원인은 배를 타고 온 쥐, 돼지, 종교 난민들이었을 것이다. 그들은 도도와 먹이 경쟁을 했고, 도도의 알을 먹어 치웠다.

갈라파고스제도의 날지 못하는 가마우지는 본토에서 섬으로 날아온 가마우지의 후손임이 명백하다. 모든 가마우지는 물고기를 잡으러 잠수한 뒤 나와서 날개를 펼쳐 말리는 습성이 있다. 이

점은 중요한데, 잠수를 하면 날개가 흠뻑 젖어서 비행하기 어려워지기 때문이다. 다른 대다수의 물새는 그렇지 않다. 그들은 깃털에 기름기가 있어서 젖지 않는다. 그래서 이런 영어 표현도 나왔다. "오리 등에서 물이 굴러떨어지듯이*." 갈라파고스가마우지는 말린 날개로 날 수는 없지만, 그래도 여전히 날개를 펼쳐서 말린다. 여기서 가마우지가 날개를 펼치는 이유가 비행을 준비하기 위해 날개를 말리려는 것이라는 이론을 모든 조류학자가 받아들이는 것은 아니라는 점도 언급해야겠다.

도도와 갈라파고스가마우지는 비교적 최근인 지난 수백만 년 사이에 날개를 잃었다. 타조와 그 친척들은 훨씬 이전에 날개를 잃었다. 아마 먼 조상들이 완전히 발달한 날개로 오래전에 잊힌 어느 섬에 들어온 뒤였을 것이다. 조상들을 날게 했던 날개는 줄어들어서 지금은 짤막한 밑동만 남아 있다. 또 뉴질랜드의 (멸종한) 모아처럼 날개가 완전히 사라진 사례도 있다. 타조는 날개의 잔재를 다른 타조에게 과시하는 데에도 쓰고, 달릴 때 방향을 틀고 균형을 잡는 데에도 사용한다. 빨리 달릴 때에는 특히 필요하며, 타조는 아주 빨리 달린다.

또 타조의 남은 날개가 속도를 늦추는 용도로 쓰일 수 있다는 주장도 나와 있다. 항공기가 얼음 위나 짧은 활주로에 착륙할 때

---

* 전혀 영향을 받지 않는다는 뜻

날개 펼쳐서 말리기

갈라파고스제도의 날지 못하는 가마우지의 조상은 처음에 본토의 가마우지처럼
크고 깃털이 잘 발달한 날개로 날아서 섬으로 왔다. 섬에 들어온 뒤로 진화
시간에 걸쳐서 날개는 점점 줄어들었다. 그럼에도 갈라파고스가마우지는 날개를
펼쳐 말리는 조상의 습성을 여전히 간직하고 있다.

공포새는 먹이를 통째로 삼켰을까?

이 웅크린 카피바라는 거대한 공포새에게 삼켜질 위험에 처해 있다. 크기가
어느 정도인지 감을 잡을 수 있도록 설명하자면, 카피바라는 몸집이 양만 한
거대한 기니피그다. 공포새는 멸종했다(독자의 안도의 한숨이 들리는 듯하다).
카피바라는 여전히 살아 있다(마찬가지로 안도의 한숨이 들리는 듯하다).

뒤로 낙하산을 펴는 것처럼 말이다. 타조의 남아메리카 친척인 레아(다윈은 이 동물을 실제로 타조라고 했다)는 몸집에 비해 상대적으로 날개가 조금 더 크지만, 날 수 있을 정도는 결코 아니다. 레아와 타조는 호주의 에뮤, 뉴질랜드의 멸종한 모아와도 친척이다. 이들은 모두 주금류이며, 키위도 마찬가지다.

겨우 약 2백만 년 전에 남아메리카에서 멸종한 '공포새'와 그 친척들은 주금류가 아니었다. 주금류와 달리 그들은 게걸스러운 육식 동물이었기에, 이 가공할 이름이 잘 어울린다. 공포새 중 가장 큰 것은 키가 3미터에 달했다. 주금류는 대개 초식성이었고, 머리가 작고 목이 가늘었다. 반면에 많은 공포새 종은 머리가 거대하고 목이 아주 굵었다. 나는 다른 새들이 할 수 있는 것처럼, 그들이 커다란 먹이를 통째로 삼켰을까 하는 궁금증이 절로 떠오른다. 카피바라까지 통째로 삼키지 않았을까? 카피바라는 일종의 거대한 기니피그다. '기니피그'라는 말에 그 크기를 착각해 공포새의 크기까지 착각하는 일이 없도록, 카피바라 성체의 몸길이가 1미터까지 자랄 수 있다는 말을 덧붙여야겠다. 즉, 잘 자란 양만 한 기니피그를 이야기하는 것이다. 갈매기는 토끼나 이웃 둥지의 새끼를 통째로 삼키곤 한다. 남아메리카에는 더욱 큰 기니피그도 살았다. 하마만 했는데 지금은 멸종했다. 아마 일부 공포새와 같은 시대에 살았겠지만, 몸집이 아주 컸기에 공포새에게 위협을 받지 않았을 것이다. 적어도 통째로 삼켜지지는 않았다! 하지만 카피바라는 양만 하지 않은가? 공포새의 몸집에 비추어 보면, 갈매기가 토끼를 보는 것과 비슷하지 않았을까?

아프리카의 몹시 못생긴 멸종 위기종인 넓적부리황새는 공포새의 가까운 친척이 아니며, (가까스로) 날 수 있을 만치 작다. 그러나 모습 ― 그리고 섭식 습관 ― 을 보면, 통째로 막 삼켜지려 할 때 어떤 느낌일지 조금 감이 오기도 한다.

뉴질랜드의 거대한 모아는 키가 공포새와 거의 비슷했다. 즉, 타조보다 훨씬 더 컸다. 대부분의 주금류(그리고 공포새)는 날개가 작은 반면, 모아는 더 나아가서 아예 날개를 잃었다. 고래도 팔다리를 잃는 수준까지 나아가지는 않았다. 뒷다리를 잃긴 했지만, 몸속에 다리뼈의 흔적이 아직 남아 있다. 그런데 모아는 날개뼈까지 다 사라졌다. 그들은 새로 들어온 마오리족의 손에 비극적인 종말을 맞이했다. 겨우 약 6백 년 전에 일어난 일이었다. 그럼에도 내 뉴질랜드 친구는 한 술집에서 내게 남섬의 덤불에서 모아들이 울어 대는 소리를 들었다고 했다. 착각이었겠지만, 즐거운 일화다.

마오리족은 약 7백 년 전에 뉴질랜드에 들어왔다. 5만여 년 전에 호주에 원주민이 들어왔다는 사실과 비교하면 겨우 어제 온 것이나 마찬가지다. 호주 원주민이 그때까지 호주에 살았던 많은 대형 유대류를 멸종시켰는지를 놓고서는 논란이 있다. 당시 호주에는 일종의 거대해진 거위라고 할 수 있는, 키가 2미터인 게니오르니스Genyornis 같이 날지 못하는 새들이 있었다. 이런 호주 '천

**이 새의 키가 3미터라면 맞닥뜨렸을 때
어떤 느낌일지 상상해 보라**

넓적부리황새는 독자를 삼키기에는
몸집이 작다. 그러나 노려보는 이
눈빛을 보면 공포새와 직면했을 때
어떤 기분일지 짐작할 수 있을 것이다.

『아라비안나이트』에 나오는 로크

코끼리를 잡아서 날아가는 로크는 결코 존재한 적도 없었고, 존재할 수도
없을 것이다. 이 전설은 마다가스카르의 날지 못하는 거대한 코끼리새를 본
여행자의 이야기에서 시작된 것이 아닐까?

둥새*는 주금류의 가까운 친척이 아니었다. 공포새와 가까운 친척 관계도 아니었다. 공포새와 가장 가까운 현생 친척은 남아메리카의 세리에마seriema다. 우아한 도가머리가 난 새로서, 다리가 길지만 공포새에 비하면 키가 아주 작은 편이다.

마다가스카르의 이른바 코끼리새도 거대했다. 이 새도 날지 못하는 주금류였다. 코끼리새는 몇 종이 있었다. 최근에 보롬베 티탄Vorombe titan이라고 이름이 바뀐, 가장 큰 종은 키가 3미터였다. 그리고 이제 경이로운 환상의 비행을 하는 거대한 새가 나올 차례다. 『아라비안나이트』에 실린 놀라운 이야기 중에는 신드바드의 모험 이야기도 있다. 신드바드는 놀라운 모험을 하다가 한 섬에서 로크라는 거대한 새를 만났다. 이 새는 코끼리를 잡아다가 새끼에게 먹였다. 신드바드가 섬에서 빠져나갈 방법은 하늘로 날아오르는 것밖에 없었기에, 그는 로크가 거대한 알에 앉아 있을 때 자신의 터번으로 로크의 거대한 발톱에 몸을 묶었다.

중세 베네치아이 탐험가 마르코 폴로도 로크를 언급했다. 그는 그 새가 아주 거대해서 코끼리를 움켜쥐고 높이 날아올라서 떨어뜨려 죽인다고 했다. 흥미롭게도 그는 로크가 마다가스카르에서 왔다고 믿은 듯하다. 마다가스카르라고? 코끼리새의 유해가 있는 바로 그곳이다. 아마 로크 전설은 마다가스카르에 거대

---

* 게니오르니스는 천둥새로도 불린다

"내가 아끼는 것 중 하나"

데이비드 애튼버러는 젊었을 때
깨진 코끼리새 알껍데기들을
하나하나 끼워 맞추었다.

한 새가 있다는 여행자의 이야기에서 시작되었을 것이다. 이 사람, 저 사람에게 전달되면서 로크는 점점 크기가 불어났을 것이고, 중요한 사실 ─ 목격자는 알았지만 소문을 퍼뜨리는 이들은 몰랐던 ─ 이 잊혔을 것이다. 그 새가 날지 못한다는 사실 말이다. 코끼리새는 최근에 멸종했다. 아마 14세기였을 것이다. 모아처럼 새로 들어온 사람들이 그들과 그들의 알을 잡아먹고, 농사를 짓기 위해 숲을 없애고, 서식지를 파괴해 멸종했을 것이다. 언젠가는 그들을 부활시킬 수도 있을지 모른다는, 아마 알껍데기에서 DNA를 추출하여 부활시킬 수 있지 않을까 하는 희망이 있는 듯하다. 알껍데기는 지금도 마다가스카르 해변에서 흔히 찾을 수 있다. 아마 모아도 부활시킬 수 있을지 모른다. 정말 놀랍지 않은가? 말이 나온 김에 덧붙이자면, 거대한 코끼리새와 가장 가까운 현생 친척은 주금류 중에서 가장

80

작은 뉴질랜드의 키위다.

데이비드 애튼버러David Attenborough는 마다가스카르 해변에서 사람들을 고용해 알껍데기 조각들을 찾아 모았다. 그는 함께 촬영하던 동료와 테이프로 조각들을 하나하나 붙여서 이윽고 코끼리새의 알껍데기를 거의 완벽하게 재구성했다. 아침에 먹는 달걀보다 부피가 약 150배 더 컸다. 그 정도면 한 중대의 아침 식사로도 충분했을 것이다. 코끼리새 알껍데기는 놀라울 만치 두껍다. 자동차 앞 유리와 비슷한 두께다. 중대의 아침 식사용으로 알을 깨려면 도끼가 필요할 것이라는 생각이 들 수도 있다. 새끼가 어떻게 깨고 나왔을지 궁금해진다.

☞ **그런데** 이는 진화가 사람의 경제처럼 트레이드오프, 즉 타협으로 가득하다는 것을 보여 주는 또 하나의 사례다. 알껍데기에 관한 한, 알이 두꺼울수록 포식자의 공격이나 위에 앉아서 품는 부모의 몸무게를 더 잘 견딘다. 반면에 부화할 때가 되었을 때 새끼가 깨고 나오기가 어렵다. 그리고 알이 두꺼울수록, 칼슘 같은 귀한 자원이 더 많이 들어간다. 진화 이론가들은 '선택압selection pressures' 사이의 트레이드오프 이야기를 좋아한다. 각각의 선택압은 진화하는 종을 서로 다른 방향으로 계속 밀어 대며, 그 결과 다양한 방향에서 절충이 이루어진다. 포식자가 일으키는 자연 선택은 진화 시간에 걸쳐서 두꺼운 껍데기를 진화시키도록 압력을 가한다. 하지만 두껍고 단단한 껍데기

로 덮인 알 안에 있는 새끼들은 그대로 갇힌 채 죽기도 하므로, 더 얇은 껍데기를 갖도록 하는 반대 방향의 선택압도 동시에 가해진다. 안에 갇힐 가능성이 가장 적은 새끼들은 더 얇은 알껍데기를 만드는 유전자를 물려받은 개체들이다. 한편 그 유전자는 포식자가 쉽게 깰 수 있는 알껍데기를 만드는 것이기도 하다. 따라서 알껍데기 두께에 관한 한 어떤 새끼는 이런 이유로 죽고, 다른 새끼는 정반대 이유로 죽는다. 세대가 지날수록, 알껍데기의 평균 두께는 상반되는 압력들의 타협안인 중간 두께로 정착된다.

하늘을 나는 조류에게는 가벼울 필요가 있다는 점이 또 다른 진화 압력으로 작용한다. 나는 새는 몸무게를 줄이는 방향으로 아주 멀리까지 나아갔다. 뼈는 속이 비어 있고, 몸의 다양한 부위에 아홉 개의 공기주머니가 있다. 이런 수단들을 써서 몸을 가볍게 만든다고 해도 알이 무겁다면 그 효과는 상당 부분 상쇄될 것이다. 어느 시점에든 간에 새의 몸속에 온전히 다 형성된 알이 단 하나만 들어 있는 이유가 그 때문이라는 것은 분명하다. 한 번에 품는 알은 여러 개일 수도 있지만 부모는 마지막 알을 낳은 뒤에야 비로소 알을 품기 시작하므로, 새끼들은 동시에 부화한다. 일부 맹금류는 추가로, 조금 잔혹한 타협을 보여 준다. 어미는 기르게 될 새끼 수보다 더 많은 알을 낳는다. 먹이가 유달리 많은 해라면, 모두 기를 수도 있다. 그러나 평범한 해라면 으레 가장 작은 새끼가 죽기 마련이다. 때로 형제자매들에게 살해당하기도 한다. 가장 작은 새끼는 더 큰 새끼들이 살아남기 위한 일종의 보험이라고 볼 수도 있다.

☞ **그런데** 대개 포유류는 다르다. 아주 가벼워야 한다는 선택압을 받지 않으므로, 임신한 포유동물은 많은 배아를 함께 품고 있곤 한다(최고 기록은 마다가스카르의 한 텐렉tenrec종이 보유하고 있으며, 서른두 마리까지 품는다. 텐렉은 고슴도치와 조금 비슷하게 생겼다. 따라서 어미의 출산이 어떤 경험일지 저절로 상상이 된다). 박쥐는 다르다. 박쥐는 몸집이 작으며 새끼를 대개 한 마리씩만 낳는다. 새와 같은 이유에서다. 사람도 그렇지만, 이유는 다르다. 우리가 한 번에 많은 자식을 낳지 않는 이유는 아마 뇌가 크기 때문일 것이다. 우리가 큰 뇌를 지닌 이유가 무엇이든 간에(분명히 좋은 이유겠지만), 그 때문에 출산은 유달리 힘들고 고통스러워진다. 현대 의학이 등장하기 전까지, 출산 때 죽는 여성의 비율이 충격적일 만치 높았는데, 주로 아기의 커다란 머리 때문이었다. 여기서 다시금 우리는 진화에서 일어나는 타협을 본다. 사람의 아기는 발달 단계 중 비교적 이른 시기에 태어남으로써 엄마에게 미칠 위험을 줄이지만, 생존이 위협에 처할 만큼 너무 일찍 태어나는 것은 아니다. 그렇긴 해도 엄마가 편하게 낳을 만큼 작지는 않다. 게다가 두 명 이상의 쌍둥이는 문제를 더 악화시킨다. 인간의 아기는 일찍 태어나기에,

다른 대형 포유동물들에 비해서 유달리 부모에게 의존하게 된다. 우리는 첫돌 무렵에야 걸음마를 뗄 수 있다. 반면에 누gnu 새끼는 태어난 날 걸을 수 있다. 누도 새끼를 한 마리만 낳는다. 자궁에서 거의 나오자마자 걸을 — 심지어 달릴 — 수 있어야 하기 때문이다. 한 번에 더 많이 낳는다면, 새끼는 더 작게 태어날 것이고 이주하는 무리를 따라다닐 수 없을 것이다.

인간의 기술은 비타협적인 방향으로 압력을 가할 만큼 싱숙했다. 게다가 이 압력은 진화 시간에 걸쳐서 가해지는 것이 아니라, 제도판에 잇달아 설계도를 그리는 시간 규모에서 작동한다. 비행기는 새처럼 가능한 한 가벼울 필요가 있다. 그러나 알껍데기처럼 튼튼하기도 해야 한다. 양쪽 극단은 양립 불가능하므로, 타협이 이루어져야 한다. 앞서 말했듯이, 균형이 필요하다. 항공 여행은 지금보다 너 안전해질 수 있다. 그러나 돈뿐 아니라, 불편함과 지연이라는 대가를 치러야 한다. 여기서도 균형이 이루어져야 한다. 안전에 무한한 가치를 둔다면, 보안 요원이 각 승객의 옷을 다 벗기고 검사하고, 모든 가방의 물품을 꺼내서 살필 수도 있다. 그러나 받아들일 만한 트레이드오프는 그런 극단적인 상황에 이르는 것을 막아 준다. 우리는 어느 정도의 위험을 받아들인다. 경제학자처럼 생각하는 데 익숙하지 않은 비현실적인 이상주의자는 생각이 다를 수 있겠지만, 인간의 생명이 무한히 소중한 것은 아니다. 우리는 생명의 가치를 돈으로 환산한다. 군용 항공기와 민간 항공기의 법규는 서로 다른 안전 기준에서 이루어진 타협의 산물이다. 경제적 트레이드오프, 균형과 타협은 기술과 진화 양쪽의 토대이며, 이 개념들은 이 책에서 내내 등장한다.

포유류 중에서 진정으로 날 수 있는 동물은 왜 박쥐뿐일까? 사실 박쥐는 포유류 중에서 상당한 비율을 차지한다. 모든 포유류 종 가운데 약 5분의 1이 박쥐다. 그런데 날개 달린 사자가 날개 달린 영양을 뒤쫓아서 하늘을 날아가는 모습은 왜 보지 못하는 것일까? 사실 이 질문은 답하기 쉽다. 사자와 영양은 너무 크기 때문이다. 그렇다면 하늘을 나는 쥐는 왜 없을까? 포유류 종의 약 40퍼센트는 설치류다. 쪼르르 돌아다니면서 수염을 씰룩거리고 나무를 쏠아 대곤 하면서 5천만 년에 걸쳐 진화하는 동안, 왜 설치류 중에는 날개가 돋은 종이 전혀 없었을까? 아마 박쥐가 먼저 날개가 돋았기 때문이라는 것이 답일 듯하다. 어떤 바이러스 유행병이 돌아서 모든 박쥐를 전멸시킨다면, 나는 설치류가 그 기회를 틈타서 단순한 활공자(지금도 이미 그렇게 하고 있다)가 아니라 진정한 비행자가 될 것이라고 추측한다. 그러나 우리는 경제학을 잊지 말아야 한다. 날개는 자라는 데 비용이 많이 들며, 사용하는 데, 특히 치면서 나는 데에는 더욱 비용이 많이 든다. 그러니 그런 비용을 들이는 것이 타당해야 한다. 그리고 개미의 사례에서 보았듯이, 날개는 방해가 될 수 있다. 벌거숭이두더지쥐(개미나 흰개미와 조금 비슷하게 번식력이 강한 '여왕'을 중심으로 사회 집단을 이루어 사는 보기 좋게 못생기고 작은, 굴 파는 동물)

처럼 땅속에서 살아간다면, 날개는 불리한 특징이 될 것이다.

이제 동물이 중력에 맞서 땅에서 날아오르는 방법들을 하나하나 살펴보기로 하자. 가장 쉬우면서도 힘이 덜 드는 이륙 방식은 아마 가장 단순한 방식일 것이다. 전설의 로크나 실제 타조, 공포새와 정반대 극단으로 향하는 것이다. 즉, 커지지 말라. 작아져라.

CHAPTER 4

작다면
비행은 쉽다

4장

작다면 비행은 쉽다

코팅리 요정이 존재하지 않았다니 안타깝다. 천사나 부라크 혹은 페가수스와 달리, 이 상상 속의 작은 인간은 쉽게 날 수 있는 크기였기 때문이다. 몸집이 클수록 비행은 점점 어려워진다. 독자가 꽃가루나 깔따구만큼 작다면, 굳이 날려고 애쓸 필요도 거의 없다. 그냥 산들바람을 타는 것만으로 충분할 수 있다. 그러나 독자가 말처럼 크다면, 날기 위해 엄청난 노력을 들여야 한다. 물론 아예 못 날 수도 있다. 크기가 왜 중요할까? 이유는 흥미롭다. 여기서는 수학이 조금 필요하다.

무언가의 크기(이를테면 길이, 그리고 다른 모든 차원은 그에 비례한다고 하고)를 2배로 늘린다면, 부피와 무게도 2배로 는다고 생각할지 모른다. 그러나 실제로는 8배 무거워진다($2 \times 2 \times 2$). 이는 사람, 새, 박쥐, 비행기, 곤충, 말을 포함하여 어떤 모양의 규모를 키우든 간에 다 들어맞지만, 아이의 장난감 블록 크기를 늘릴 때 가장 뚜렷이 알 수 있다. 정육면체 블록을 하나 놓자. 이제

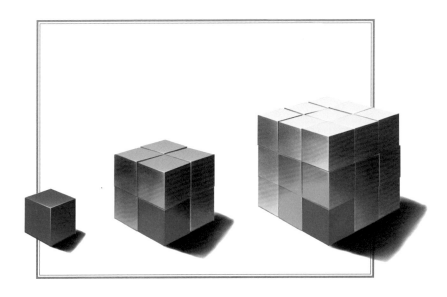

작은 것은 상대적으로 표면적이 크다

무언가의 크기를 늘릴 때, 부피(따라서 무게)는 표면적보다 더 빠르게
증가한다. 이는 블록에서 가장 쉽게 알 수 있지만, 동물을 포함하여 모든 것에
들어맞는다.

블록을 쌓아서 모양은 같으면서 크기가 2배가 되도록 하자. 큰 쪽
은 블록의 수가 몇 개일까? 8개다. 크기가 2배로 늘어난 블록 더
미는 같은 모양을 한 블록 한 개보다 8배 더 무겁다. 이제 블록 크
기를 3배로 한다면, 블록 27개가 필요하다는 사실을 알 것이다.
3×3×3, 즉 3의 세제곱이다. 그리고 각 방향으로 블록을 10개씩
쌓으려고 한다면, 아마 블록이 부족해질 것이다. 무려 10의 세제

곱(1,000) 개가 필요할 테니까.

어떤 모양이든 골라서 크기를 몇 배수만큼 늘려 보자. 불어난 대상의 부피(그리고 비행에 명백히 영향을 주는 무게)는 언제나 그 수의 세제곱으로 늘어날 것이다. 그 수를 세 번 곱한 값이다. 이 계산은 블록만이 아니라 크기를 늘리고자 하는 모든 모양에 적용된다. 그러나 크기를 늘리는 대상의 무게는 세제곱씩 증가하는 반면, 표면적은 제곱씩만 증가한다. 블록 하나를 칠하는 데 필요한 물감의 양을 재 보자. 이제 어느 방향에서 재든지 블록이 2개씩 되도록 쌓아보자. 겉으로 드러난 표면을 다 칠하려면 물감이 얼마나 들까? 2배도 아니고 8배도 아니다. 물감은 4배만 더 있으면 된다. 이제 모든 방향으로 블록이 10개씩 놓이도록 쌓아보자. 앞서 말했듯이, 무게는 이제 1,000배에 달할 것이다. 블록은 1,000배 더 많이 필요하다. 하지만 물감은 100배만 더 있으면 된다. 따라서 몸집이 작을수록, 무게에 비해 표면적이 더 크다. 표면적이 왜 중요한지는 다음 장에서 상세히 다루기로 하자. 여기서는 표면적이 클수록 공기를 더 많이 접한다는 말만 하고 넘어가기로 하자.

우리가 시작한 환상의 비행을 따라가 보자. 천사가 날개를 지닌 사람, 확대된 요정이라고 생각해 보자. 대천사 가브리엘은 대개 보통 사람과 거의 같은 키로 그림에 묘사되어 있다. 약 170센티미터다. 코팅리 요정보다 10배 정도 크다. 그러니 가브리엘은 요정보다 10배가 아니라, 1,000배 더 무거울 것이다. 천사를 들

레오나르도는 가브리엘의 날개가 너무 작다고 생각하지 않았을까?

「수태고지」. 여기서는 가브리엘을 땅에서 들어 올릴 만큼 날개를 키웠다.
그렇다고 해도, 들어 올릴 힘을 내는 데 필요한 거대한 가슴 근육은 어디에
있을까? 그리고 그 근육이 붙을 가슴뼈의 '용골 돌기'는? 레오나르도는 뛰어난
해부학자였기에, 굳이 따질 필요를 못 느꼈을 것이다.

어 올리려면 날개가 얼마나 열심히 날갯짓을 해야 할지 생각해
보라. 게다가 날개의 면적은 1,000배가 아니라 100배만 늘어날
것이다.

　피렌체의 우피치 미술관에 가면, 레오나르도 다빈치의 황홀
할 만치 아름다운 「수태고지Annunciation」를 보게 될 것이다. 그림
에는 천사 가브리엘이 나오는데 날개가 놀라울 만치 작다. 레오
나르도가 그린 성인 남성(비록 여성의 모습을 하고 있지만)만 한 가
브리엘은커녕, 아이조차 제대로 들어 올리지 못할 날개다. 그리
고 레오나르도가 원래 날개를 더욱 작게 그렸는데, 후대의 화가

작은 벌새, 커다란 용골 돌기
이런 작은 새도 가슴뼈 '용골 돌기'가
상대적으로 얼마나 큰지를 보라. 값비싼
비행 근육을 지지할 만큼 커야 한다.

가 더 키웠다는 주장도 나와 있다. 하지만 충분히 크게는 아니었
다. 충분한 것과 거리가 멀었다. 여기 실린 그림은 우리 목적에
조금 더 걸맞게 날개 크기를 약간 수정한 것이다. 안타깝게도 그
러면 그림의 아름다움이 훼손된다. 조금 온건하게 표현해서 그렇
다. 날개는 아예 그림 틀 바깥으로 터무니없이 뻗어 나간다.

레오나르도의「수태고지」는 어느 모로 보나 절묘하지만, 날개
의 뿌리는 너무나 어색하게 그려져 있다. 마치 날개의 불합리함

에 곤혹스러웠던 듯하다. 이 위대한 해부학자는 아마도 천사가 필요한 거대한 비행 근육을 어디에 지니고 있을지 궁금해했을 것이다. 그리고 그 근육이 붙는 자리인 가슴뼈는? 그가 있어야 할 용골 돌기도 그렸다면, 아마 탁자 너머 성모 마리아가 앉아 있는 곳에 닿았을 것이다. 무게가 훨씬 더 나가는 말인 페가수스는 더욱 튀어나온 용골 돌기가 필요하다. 부라크의 용골 돌기는 이 딱한 동물이 걸으려고 할 때마다 땅에 부딪혔을 게 분명하다. 가장 작은 새에 속하지만, 아주 격렬하게 비행을 하는 벌새의 용골 돌기도 상대적으로 아주 거대하다. 그러니 페가수스의 용골 돌기가 상대적으로 얼마나 거대할지 생각해 보라. 사실 박쥐는 새와 같은 종류의 용골 돌기를 지니고 있지 않지만, 다른 가슴뼈들이 커지고 튼튼해져서 같은 일을 한다.

레오나르도의 가브리엘이 날개가 아주 작다는 것은 분명하다. 그런데 인간만 한 존재가 날려면 실제로 얼마만 한 날개가 필요한지 어떻게 계산할 수 있을까? 보잉이나 에어버스 항공기 설계자처럼, 고정 날개 항공기의 수학을 적용할 수 있다면 일이 더 단순할 것이다. 물론 그것도 매우 어렵다. 그러나 살아 있는 존재는 매 순간 날개를 조정한다. 설상가상으로 복잡한 양상으로 날개를 치며, 그 결과 공기의 소용돌이와 난류 때문에 계산이 더욱 어려워진다. 아마 가장 쉬운 방법은 이론적으로 계산하는 것을 포기하고, 전 세계에서 사람만 한 새를 찾아보는 것일 듯하다.

오늘날 가장 큰 새들은 모두 타조처럼 날지 못한다. 그러나 몇

몇 멸종한 큰 새들은 하늘을 날았고, 몸무게도 거의 사람과 비슷했다. 펠라고르니스Pelagornis는 거대한 바닷새였다. 아마 생활 습성이나 비행 방식이 앨버트로스와 비슷했겠지만, 날개는 더 가늘고 길이가 두 배 더 길었다. 펠라고르니스는 앨버트로스와 달리 이빨이 있었다. 진짜 이빨이 아니라 부리에 이빨처럼 삐죽삐죽 난 돌기이며, 이빨처럼 물고기를 가두어서 달아나지 못하게 막는 역할을 했을 것이다. 뒤에서 앨버트로스가 물결 위를 스치는 바람을 이용하는 영리한 방식으로 양력의 대부분을 얻는다는 사실을 살펴볼 것이다. 아마 펠라고르니스도 비슷한 방식으로 날았을 것이다. 날개 폭은 약 6미터였다.

펠라고르니스보다 더욱 큰, 아니 적어도 날개 폭이 같으면서 더욱 무거운 새는 아르겐타비스 마그니피켄스Argentavis magnificens였다. 이 학명은 '아르헨티나의 장엄한 새'라는 뜻이다. 아르겐타비스는 아미 나름 웅상하고 커다란 새인 오늘날의 안데스콘도르Andean condor(안타깝게도 멸종 위기에 처해 있다)의 친척이었겠지만, 훨씬 더 컸다. 무게가 약 80킬로그램으로, 건장한 남성의 몸무게와 비슷했다. 그 몸무게의 많은 부분은 아마 날개 자체가 차지했을 것이다. 날개는 앨버트로스나 펠라고르니스의 것보다 훨씬 가늘고, 콘도르의 것처럼 넓적했다. 그리고 면적이 훨씬 더 넓었다. 앨버트로스보다 열 배나 무거웠을 수 있는 새를 들어 올려야 했으니 그럴 만했다. 아르겐타비스의 날개 면적은 약 8제곱미터로 추정된다. 현대 스포츠용 낙하산과 거의 같은 면적

지금까지 하늘을 난 가장 큰 새

크기를 비교하기 위해서 멸종한 펠라고르니스와 아르센타비스를 낙하산과 함께 그렸다.

케찰코아틀루스는 아마 지금까지 하늘을 난 동물 중 가장 컸을 것이다

물론 이 동물은 결코 기린과 만난 적이 없다. 약 7천만 년 전에 살았으니까.
그러나 그들이 서로 만났다면, 아마 서로 머리를 맞대고 눈을 마주칠 수 있었을
것이다. 기린이 날아오른다고 상상할 수 있는지?

이다. 아르겐타비스는 현대 콘도르와 독수리처럼 이따금씩 날개를 치면서 주로 상승 기류를 타고 활공하고 솟아올랐다고 생각하는 것이 합리적이다.

아마 지금까지 하늘을 난 동물 중에서는 케찰코아틀루스 Quetzalcoatlus가 가장 컸을 것이다. 새가 아니라 익룡이었다. 익룡은 비행하는 파충류 집단이었다. 영어권에서는 흔히 '테로닥틸 pterodactyl'이라고 하지만, 사실 학술적으로 그 용어는 케찰코아틀루스보다 훨씬 작은 특정한 익룡류를 가리킨다. 엄밀히 말해서 익룡은 진정한 공룡이 아니었지만 서로 친척이었고, 백악기 말 대멸종 때 공룡과 함께 사라졌다.

케찰코아틀루스는 괴물처럼 컸다. 날개 폭은 파이퍼 컵이나 세스나 항공기와 비슷하게 10~11미터였고, 아르겐타비스를 비롯한 그 어떤 새보다도 더 컸다. 똑바로 서면 기린과 눈을 마주칠 수 있었을 것이다. 그리고 아마 이들은 날개를 접고 손등과 뒷나리를 이용해 섰을 것이다. 그러나 속이 빈 뼈(모든 비행하는 척추동물의 특징) 덕분에 케찰코아틀루스는 몸무게가 기린의 4분의 1에 불과하다. 아주 큰 새처럼, 공중에서는 주로 활공하면서 시간을 보냈을 것이다. 일단 하늘에 뜨면 아주 오래 떠 있을 수 있고 빠른 속도로 엄청난 거리를 날 수 있었을 것이다. 케찰코아틀루스는 근육으로 나는 것이 가능한 최대 크기다. 나는 그들이 높은 곳에서 뛰어내려 활공하는 쪽을 선호했을 것이라고 추측하지만, 낮은 땅에서 이륙해야 할 때는 꽤 문제가 되었을 것이 틀림없다.

강한 팔을 써서 '장대높이뛰기'를 하듯이 공중으로 뛰어올랐을 수도 있다. 비행하는 동물이 어떻게 그런 긴 목으로 그런 거대한 머리를 지탱할 수 있었는지 궁금증이 일 수도 있다. 최근의 연구에서 그들의 목뼈가 주로 속이 비어 있었고(가볍도록) 자전거의 바큇살처럼 보강 막대가 방사상으로 목뼈를 받치고 있었다는 것이 드러났다. 중심축으로는 척수 신경이 뻗어 있었다.

우리는 가죽질 날개를 지닌 이 거대한 비행자가 날개를 펄럭였는지, 아니면 그저 높이 떠서 활공하기만 했는지 알지 못한다. 그 점은 중요한 차이며, 나중에 다시 살펴보기로 하자.

☞ 그런데 몸집이 커질수록 어려워지는 것이 비행만은 아니다. 걷기도 힘들어진다. 그냥 서는 것조차도 더 힘들어진다. 동화 속 거인은 못생기긴 했지만 대개 정상적인 모습의 사람을 확대한 것처럼 묘사된다. 그런데 키가 9미터인 오크의 뼈가 정상적인 사람의 뼈와 비슷하면서 그저 크기만 큰 것이라면, 무게 때문에 부러질 것이다. 오크는 키가 1.8미터인 사람보다 겨우 5배가 아니라, 125배 더 무거울 것이기 때문이다. 여기저기 고통스럽게 뼈가 부러지면서 무너지는 일을 막으려면, 거인의 뼈는 정상적인 사람의 뼈보다 더 높은 비율로 굵어져야 할 것이다. 코끼리의 뼈와 큰 공룡의 뼈처럼 굵은 나무줄기 같아야 한다. 길이가 늘어난 비율보다 훨씬 더 높은 비율로 굵어질 필요가 있다.

크기는 어느 방향으로든 간에 동물이 진화할 때 변하기 가장 쉬운 것 중 하나다. 모리셔스섬의 도도를 이야기할 때 보았듯이, 섬에 들어간 동물은 더 커지는 쪽으로 진화하곤 한다. 이를 섬 거대화island gigantism라고 한다. 혼란스럽게도 다른 상황에서는 섬에 들어왔을 때 더 작아지는 쪽으로 진화가 일어나기도 한다. 섬 왜소화island dwarfism다. 크레타, 시칠리아, 몰타에 살았던 키 1미터의 작은 코끼리가 그랬다. 분명히 귀여웠을 것이다. 포스터 법칙Foster's Rule은 원래 작은 동물은 섬에 와서 커지는 경향이 있고, 큰 동물은 작아지는 경향이 있다고 말한다. 내가 보기에 우리는 그 이유를 명확히 이해하지는 못하고 있다. 사냥감인 동물(본래 작은 경향이 있는)은 포식자가 없기에 더 커지는 것이라는 추론이 제시되어 있다. 반면에 큰 동물은 작은 섬에는 구할 수 있는 먹이가 한정되어 있어서 작아진다.

이제 크기의 진화적 변화가 단순히 크기를 키우거나 줄이는 식으로는 이루어질 수 없다는 점을 알아차렸을 것이나. 비율도 변해야 한다. 앞서 장난감 나무 블록에서 살펴본 수학 법칙 때문이다. 동물의 전체 모습이 달라져야 한다. 더 작아지는 쪽으로 진화하는 동물은 더 깡총하고 가늘어진다. 더 커지는 쪽으로 진화하는 동물은 더 굵고, 나무줄기 같은 팔다리를

지녀야 한다. 단지 **뼈**만이 아니라 — 다음 장에서 살펴보겠지만 — 심장, 간, 허파, 창자 등의 기관까지, 절대적인 크기가 변하면 모든 비율이 달라져야 한다. 그래야 하는 모든 수학적 이유는 이 장의 첫머리에서 살펴보았다.

이 장의 제목으로 돌아가서, 독자가 요정이나 깔따구처럼 아주 작다면 나는 것은 어렵지 않다. 가느다란 거미줄처럼, 엉겅퀴씨처럼, 아주 가벼운 바람에도 훅 날려 갈 수 있다. 날개가 필요하다면, 떠오르고 방향을 틀기가 더 쉬워서일 수 있다.

코팅리 요정의 날개는 아주 작아도 되며, 근육을 별로 쓰지 않고서도 팔락일 수 있을 것이다. 『피터 팬』에는 팅커벨이라는 요정이 등장한다. 흥미롭게도 나는 곤충 중 가장 작은 것은 요정파리(실제로는 말벌이지만 그냥 넘어가자)이며, 한 요정파리종의 학명은 실제로 팅케르벨라 나나*Tinkerbella nana*('니니'는 『피터 팬』에 나오는 달링 가족 아이들의 반려견 이름에서 땄다)다. 팅케르벨라 나나의 실 같은 '깃털'은 학술적으로는 날개지만, 어떤 의미 있는 수준으로 양력을 제공하기보다는 아마 떠 있을 때 공기를 '휘젓는' 노처럼 쓰일 것이다. 다른 요정파리 종들의 날개는 평범한 날개에 더 가까워 보인다. 요정파리는 지금까지 알려진 비행하는 동물 중 가장 작다. 이렇게 작은 곤충은 공중에 떠 있는 데 아무런 문제가 없을 것이다. 반면에 착륙하기가 조금 어려울 수도 있다.

그러니 비행에는 몸집이 작을수록 더 좋다. 그런데 어떤 이유

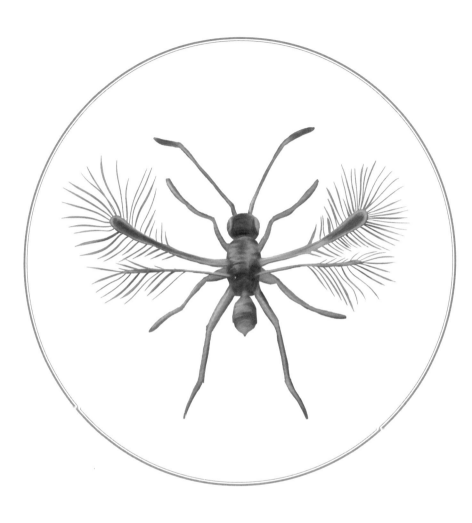

팅케르벨라

이 장의 첫머리에 실린 그림에서 이 곤충은 날면서 바늘구멍을 드나들고 있다.
날개 폭이 약 0.25밀리미터다.

로든 간에 몸집이 크면서도 날 필요가 있다면? 큰 몸집을 지닐 타당한 이유는 많다. 경제적으로 많은 비용이 든다고 해도 그렇다. 작은 동물은 잡아먹히기 쉽다. 또 커다란 먹이를 잡을 수 없다. 자신이 자기 종의 경쟁자, 짝을 구하려는 경쟁자보다 더 크다면 경쟁자를 위협하기가 더 쉽다. 이유가 어떻든 간에, 작아질 수 없으면서도 날아야 할 필요가 있다면 이륙할 다른 해결책을 찾아야 한다. 그 이야기는 다음 장에서 하기로 하자.

몸집이 크면서도 날아야 한다면, 표면적을 더 높은 비율로 늘려야 한다

날다람쥐

사실 활공다람쥐나 낙하산다람쥐라는 말이 더 들어맞을 것이다.
다리 사이에서 펼쳐지는 피부막인 '비막'은 표면적을 넓힘으로써
나무 사이를 안전하게 활공하도록 해 준다.

5장

몸집이 크면서도 날아야 한다면, 표면적을 더 높은 비율로 늘려야 한다

앞장에서 우리는 작은 동물이 자동적으로 무게에 비해 상대적으로 넓은 표면적을 지닌다는 것을 알았다. 그래서 그들에게는 비행이 쉽다. 우리는 아이의 장난감 블록을 이용한 간단한 수학 계산을 통해 그 이유를 알아보았다. 우리는 표면을 다 칠하는 데 필요한 물감의 양으로 무언가의 표면적을 쟀다. 또는 표면을 다 감싸는 데 필요한 천의 면적으로 잴 수도 있다. 천사가 요정과 모습이 같지만 키가 10배 더 크다면, 천사를 덮고 있는 피부의 표면적은 10의 제곱, 즉 100배가 더 넓지만, 몸의 부피와 몸무게는 1,000배 더 클 것이다.

그런데 표면적이 비행과 무슨 관련이 있다는 것일까? 표면적이 넓을수록, 공기를 받는 면적이 그만큼 늘어난다. 똑같은 풍선두 개가 있다고 하자. 한쪽 풍선은 불어서 표면적을 늘리고, 다른 풍선은 그대로 흐느적거리는 납작한 고무로 놔두자. 그런 다음 피사의 사탑에서 두 풍선을 동시에 떨어뜨리면 어느 쪽이 땅에

쌍엽기

느린 항공기는 무게를 지탱하려면 상대적으로 더 큰 날개가 필요하다.
지금은 예전보다 쌍엽기를 보기 어렵다.
그리고 쌍엽기 중에 속도가 아주 빠른 것은 없다.

먼저 닿을까? 불지 않은 풍선이 먼저 떨어질 것이다. 무게가 똑같음에도 말이다(사실 아주 조금 더 가벼움에도). 물론 진공 상태에서 떨어뜨린다면, 둘은 동시에 땅에 닿을 것이다(더 현실적으로 보면, 공기를 불어 넣은 풍선은 진공 상태에서 터지겠지만 그 문제는 그냥 넘어가기로 하자). 여기서 '물론'이라고 말했지만, 갈릴레이 이전까지는 모든 사람이 놀랄 이야기였을 것이다. 갈릴레이는 진공 상태에서 동시에 떨어뜨린다면 깃털과 대포알도 동시에 땅에 닿을 것임을 보여 주었다.

　이 장에서 우리가 다룰 질문은 이것이다. 동물이 나름의 이유로 몸집이 크면서도 날아야 한다면 어떻게 될까? 표면적을 불

균형적으로 늘림으로써 보완을 해야 한다. 깃털(새라면)이나 얇은 피부로 된 막(박쥐나 익룡이라면)처럼 뻗어 나온 부위를 만들어야 한다. 몸을 이루는 물질이 얼마나 많든 간에(즉, 부피나 몸무게가 얼마가 되든지 간에), 그 부피의 일부를 펼쳐서 표면적을 넓힌다면, 비행을 향해 한 걸음 나아가게 될 것이다. 아니 적어도 부드럽게 낙하하거나, 산들바람을 타고 떠다니는 쪽으로 나아가게될 것이다. 레오나르도의 천사가 그렇게 거대한 날개를 지니도록 우리가 수정한 이유도 바로 그 때문이다. 공학자는 날개 하중wing loading이라는 개념을 통해서 이를 수학적으로 표현한다. 항공기의 날개 하중은 항공기 무게를 날개 표면적으로 나눈 값이다. 날개 하중이 클수록, 뜨기가 더 어렵다.

항공기—또는 새—가 더 빨리 날수록, 날개의 제곱센티미터당 일으키는 양력은 더 커질 수 있다. 무게가 같다면 더 빨리 나는 항공기일수록 날개 면적이 더 작아도 되며, 작으면서도 떠 있을수 있다. 빠른 비행기보다 느린 비행기가 상대적으로 날개 표면적이 더 큰 경향이 있는 이유가 바로 이 때문이다. 지금처럼 빠른 속도를 내지 못하던 초기 항공기들은 쌍엽기가 많았다. 날개 면적을 2배로 늘리면, 항력도 증가한다. 같은 이유로 삼엽기도 종종 만들어졌다.

☞ **그런데** 잠시 비행이라는 주제에서 벗어나 보면, 표면적과 부피의 관계는 전반적으로 생물의 몸에 매우 중요하며, 아주 흥

미룹다. 이를테면 날개가 외부 표면적을 늘리고 그것이 비행에 중요한 역할을 하는 것처럼, 몸집 증가에 발맞추어서 내부 표면적을 늘리는 기관도 많다. 허파가 한 예다.

동물의 부피나 무게는 세포의 수를 알 수 있는 좋은 척도다. 큰 동물은 세포가 더 큰 것이 아니라, 세포가 더 많은 것이다. 코끼리의 세포든 생쥐의 세포든 간에 몸에 있는 모든 세포는 산소를 비롯하여 살아가는 데 필요한 물질들을 공급받아야 한다. 벼룩은 코끼리보다 세포가 더 적으며, 공기로부터 아주 멀리 떨어져 있는 세포는 전혀 없다. 즉, 산소는 조금만 들어가도 어느 세포에든 다다를 수 있다. 성인은 약 30조 개의 세포로 이루어지며, 그중에 극히 일부에 불과한 피부 세포만이 공기를 접하고 있다. 사람이 벼룩보다 표면적이 훨씬 넓다고 해도, 우리 몸에서 바깥 표면을 이루는 세포는 상대적으로 훨씬 적은 비율을 차지한다. 우리 큰 동물은 공기에 노출되는 안쪽 표면적을 엄청나게 넓힘으로써 바깥 표면적 부족을 보완한다. 허파가 대표적이다. 우리의 허파 속은 갈라지고 또 갈라지면서 뻗어 나가는 관들이 복잡한 망을 이루고 있으며, 가장 끝에는 허파 꽈리라는 작은 방이 있다. 우리 몸에는 허파 꽈리가 약 5억 개 있으며, 허파 꽈리를 다 펼쳐서 이어 붙이면 면적이 테니스장을 거의 뒤덮을 정도다. 우리 몸속의 이 표면 전체는 공기를 접하고 있으며, 혈관이 풍부하게 공급되어 있다. 훨씬 작긴 하지만, 곤충도 공기가 통하는 복잡하게 가지를 친 관들의 망인 기관을 통해서 공기와 접하는 표면적을 늘리는데, 마치 곤충의 몸 전체가 허파인 듯하다.

우리 허파 속의 혈관은 갈라지고 또 갈라지면서 허파뿐 아니라 몸의 모든 세포에 뻗어 있다. 느리게 연소를 하면서 에너지를 제공하는 데 필요한 근육 세포에도 뻗어 있다. 모세 혈관은 모든 세포로 뻗어 있으면서 물질을 수거하고 배분하는 데 쓰일 엄청난 내부 표면적을 제공한다. 전형적인 세포는 살아남으려면 가장 가까이 있는 모세 혈관의 약 0.05밀리미터 이내에 있어야 한다. 다시 말해, 가장 가까운 모세 혈관에서 세포 2~3개 지름 내에 있어야 한다. 모세 혈관은 역시 아주 넓은 내부 표면적을 제공하는 창자에서 음식의 물질을 흡수한다. 이 면적도 테니스 장만 하다. 우리 몸속에 있는 창자는 이리저리 꼬여 있기에 실제로는 아주 길다는 사실을 떠올려 보자. 그리고 지렁이의 창자와 비교해 보자. 지렁이의 창자는 그저 몸의 끝에서 끝까지 곧장 뻗어 있는 관이다. 우리 콩팥에도 작은 관이 무수히 뻗어 있어서 마찬가지로 내부 표면적을 넓힌다. 콩팥에서는 피가 걸러져서 노폐물이 제거된다. 몸에 있는 혈관의 대부분은 모세 혈관이며, 혈관을 다 모아서 이어 붙이면 지구를 세 바퀴나 감고도 남는다. 이는 피와 세포 사이의 접촉 표면적이 엄청나게 넓다는 것을 의미한다. 허파와 창자뿐 아니라 간, 콩팥 등 우리 몸에 있는 커다란 장기 중 상당수는 모두 피가 세포에 닿는 유효 표면적을 늘린다. 말이 난 김에 덧붙이자면, 산호초의 고랑과 틈새, 숲의 울퉁불퉁한 나무껍질과 무수한 잎도 생명이 생명 활동을 하기 위해 쓸 표면적을 엄청나게 넓힌다.

곁다리로 흐른 이 이야기의 결론은 이 장의 제목인 '몸집이 크면서도 날아야 한다면, 표면적을 더 높은 비율로 늘려야 한다'가 비행에만 적용되는 것이 아니라, 호흡, 혈액 순환, 소화, 노폐물 처리 등 동물의 몸속에서 일어나는 일과 몸 바깥에서 볼 수 있는 일에도 모두 적용된다는 것이다. 이쯤하고 다시 비행으로 돌아가 보자.

앞에서 살펴보았듯이, 동물이 체중에 비해 표면적이 클수록, 공중에서 떨어지는 속도는 더 느려지며, 비행에 필요한 양력을 얻기는 그만큼 쉬워질 것이다. 날갯짓을 하는 데 쓰이든 활공하는 데 쓰이든 간에 날개는 분명히 표면적을 넓힌다. 박쥐와 익룡의 날개는 얇은 피부막이다. 얇은 표면은 지탱해 줄 것이 필요하다. 뼈나 다른 무언가로 지지를 해야 한다. 진화는 기회주의적이다. 즉, 아예 새롭게 무언가를 만들어 내기보다는 기존에 있는 것을 땜질해 쓰는 경향이 있다. 이론상으로는 천사의 그림에서처럼 등에서 날개가 돋아난다고 상상하는 것도 가능하다. 그러나 그것은 지탱할 새로운 뼈도 자라야 한다는 의미가 될 것이다. 기존 뼈 중에서 비행 표면을 지지하는 데 동원할 수 있을 만한 것이 무엇일

까? 뒤에서 살펴보겠지만, 몸 양옆으로 삐죽 내민 얇은 막을 써서 활공하는 도마뱀이 있다. 이들은 갈비뼈를 이 막을 지지하는 용도로 쓴다. 그러나 박쥐, 새, 익룡 같은 더 전문적인 비행자들은 팔을 이용한다. 팔에는 용도를 변경하기에 좋은 쓸 만한 뼈와 근육이 이미 들어 있다.

박쥐와 익룡은 팔과 다리 사이의 옆구리에 비행용 피부가 있다. 익룡은 팔뼈가 대부분 상대적으로 짧지만, 네 번째 손가락 하나만 아주 크게 자란다. '테로닥틸'은 '날개 손가락'이라는 뜻이다. 날개의 끝까지 뻗어 있는 이 하나의 커다란 손가락은 날개의 앞쪽까지 거의 전체를 지탱한다. 우리 손가락은 섬세하고 가늘다. 우리는 자판을 두드리고 피아노를 연주하는 일 등에 손가락을 쓸 수 있다. 우리의 손가락 하나가 팔 전체보다 더 길게 자라나서 케찰코아틀루스의 날개 같은 커다란 날개를 지탱할 만큼 튼튼해질 것이라고는 상상하기가 어렵다. 상상만 해도 기분이 조금 이상해진다. 여기서 우리는 진화가 이미 있는 것을 활용함으로써 무엇을 할 수 있는지 배운다. 날개막 자체는 화석으로 잘 남지 않으므로, 생물학자들이 재구성한 모습들이 서로 다를 수도 있다는 점을 말해 두어야겠다. 여기서는 날개가 발목까지 뻗어 있었다고 묘사한 가장 믿을 만한 최신 재구성 견해를 따랐다. 또 날개의 뒤

01

02

03

쪽 가장자리를 따라 손가락 끝에서 발목까지 힘줄이 뻗어 있었다는 증거가 있다. 힘줄은 지지력을 추가로 제공하고 아마 날개가 바람에 떨리지 않게 막았을 것이다. 날개가 바람에 떨리면 비행 효율이 떨어지고 찢겨 나갈 수도 있다.

박쥐 날개는 네 번째 손가락 하나가 아니라 모든 손가락을 다 쓴다. 그리고 익룡처럼 박쥐도 뒷다리를 날개의 추가 지지대로 삼는다. 그 결과 이들은 잘 걷지 못한다. 박쥐 중에서 가장 잘 걷는 종류는 아마 뉴질랜드 숲에서 낙엽을 헤치며 돌아다니는 짧은 꼬리박쥐류일 것이다. 그러나 그들도 걷거나 달리는 쪽으로는 새에게 상대가 되지 않는다. 나는 익룡이 애니메이션에 나오는 망가진 우산처럼 비틀거리면서 걷는 모습을 상상한다.

새는 문제를 다르게 해결한다. 비행 표면은 피부막 대신에 교묘하게 펼칠 수 있는 깃털로 이루어져 있다. 깃털은 세계의 경이 중 하나다. 공중에 띄울 수 있을 만치 튼튼하면서 뼈보다 딱딱하지 않은 경이로운 장치다. 깃털은 유연한 동시에 빳빳해서 새의

◙ 팔을 날개로 바꾸는 세 가지 방법

박쥐(01)는 모든 손가락이 길어지고 펼쳐져 있다. 익룡(02)은 손가락 하나만 아주 길어졌다. 박쥐와 익룡은 다리까지 써서 추가로 지지를 할 필요가 있다. 조류(03)는 아니다. 빳빳한 깃털로 충분히 보완을 할 수 있다. 그리고 같은 이유로 새는 팔뼈가 놀라울 만치 (그리고 경제적으로) 짧아질 수 있다.

날개는 뼈를 덜 쓸 수 있다. 그림에 실린 까마귀처럼 일부 조류는 팔의 뼈대가 날개의 약 절반까지만 뻗어 있고 나머지는 깃털로 되어 있다. 그에 비해 박쥐나 익룡은 뼈가 날개의 끝까지 뻗어 있다. 뼈는 튼튼하지만 무거운데, 비행자가 되고자 한다면 결코 무거워지기를 원치 않을 것이다. 속이 빈 관은 꽉 찬 막대보다 훨씬 가벼우면서 조금 덜 튼튼할 뿐이다. 비행하는 척추동물은 모두 속이 빈 뼈를 지니며, 안에는 뼈를 튼튼하게 받치는 시시대가 들어 있다. 새는 날개에 가능한 한 뼈를 적게 지니는 대신에, 아주 가벼운 깃털의 빳빳함을 이용한다.

로버트 훅Robert Hooke은 1665년 저서 『마이크로그라피아 *Micrographia*』에서 처음으로 현미경을 통해 본 생물의 모습을 그렸고, 독자들은 섬세하면서 멋진 생물의 구조를 보고 경이로움을 느꼈다. 깃털이 그의 관심을 끈 것도 놀랄 일이 아니었다. "여기서 우리는 자연이 모습을 바꾸고, 실체를 만드는 것을 관찰할 수 있다. 충분히 가벼우면서 아주 빳빳하고 튼튼할 무언가다." 더 나아가 그는 "아주 튼튼한 몸은 대체로 아주 무겁기도 하다"면서, 깃털이 실제로 구성된 방식이 아닌 다른 식으로 구성되었다면 훨씬 무거웠을 것이라고 썼다. 날개 깃털은 서로 미끄러지므로, 날개는 비행 조건에 맞추어서 모양을 바꾸는 완벽한 부채

처럼 행동한다. 이런 면에서 새의 날개는 박
쥐나 익룡의 날개보다 뛰어나다. 후자는 날개의 모
양을 바꾸면 피부가 헐거워져 주름이 지곤 한다. 반면에 깃
털의 깃판은 수백 개의 깃가지로 이루어져 있으며, 깃가지에 달
린 작은 깃가지들은 이웃한 것들끼리 서로 얽혀서 지퍼처럼 잠겼
다가 풀어지곤 한다. 이런 배치 덕분에 훅이 말한 가벼우면서 튼
튼한 이상적인 구조를 이룰 수 있지만, 거기에는 대가가 따른다.
깃털이 어긋나지 않게 잘 맞물리려면 부리로 계속 다듬어야 한
다. 새를 조금 오래 관찰하고 있으면, 새가 시간이 날 때마다 부
리로 깃털을 정성껏 다듬는 모습을 보게 된다. 새의 목숨은 말
그대로 깃털에 달려 있기에, 날개 깃털이 제대로 맞물리지 않
으면 비행 능력이 떨어지고 포식자에게서 달아나지 못할 수도
있다. 또는 먹이를 잡지 못하거나 방향을 트는 데 실패해서 충
돌할 수도 있다.

깃털은 파충류의 비늘이 변형된 것이다. 아마 원래 비행
용이 아니라 포유류의 털처럼 단열용으로 진화했을 것이
다. 여기서도 우리는 진화가 이미 있는 것을 이용한다는
사실을 알 수 있다. (또 다른 사례: 사막꿩 수컷은 새끼가
먹을 물을 긷기 위해서 수 킬로미터를 난다. 그들의 배
깃털은 스펀지 역할을 하도록 변형된다. 둥지로 돌아
오면 새끼는 그 물을 빨아 먹는다.) 보풀보풀한 단
열 깃털은 나중에 한가운데에 깃털을 튼튼하

날개가 내 개인 공룡

조류는 이 디자인을 채택할 수도 있었지만
그러지 않았다.

게 지탱하는 깃축이 생기면서 더욱 길어졌고, 더 튼튼하면서 유연한 특성은 비행에 딱 맞았다. 새의 날개는 전체가 깃털로 이루어진 비행 표면이며, 표면적은 새의 나머지 표면적에 맞먹을 만큼 크다. 이른바 1차 비행 깃털이 비행의 대부분을 맡는다. 이것은 대개 우리 조상들이 날카롭게 다듬어서 펜촉으로 쓰던 깃축이 달린 큰 깃털이다.

진정한 조류가 진화하기 전에 이미 한 공룡 집단에 깃털이 흔했다는 것이 최근에야 발견되었다. 조류는 그 집단에서 진화했다. 무시무시한 티라노사우루스도 깃털을 지녔을 가능성이 높아 보인다. 그 점을 생각하면 귀엽다고는 할 수 없겠지만 조금 덜 무시무시해 보인다. 그리고 깃털로 덮인 날개를 네 개 지닌 공룡도 있었다. 그들은 1억 2천만 년 전 백악기에 살았다. 최초의 새라고 불리곤 하는 유명한 시조새보다 더 뒤에 출현했다. 미크로랍토르 Microraptor(그림) 같은 동물은 단순히 활공한 것이 아니라, 진정으로 날개를 치면서 비행을 할 수 있었던 듯하다.

깃털이 빳빳한 덕분에 날개는 팔 뒤쪽에 지지하는 뼈가 전혀 없어도 된다. 그리고 팔의 뼈대도 날개보다 훨씬 짧아서 경제적일 수 있다. 동시에 교묘하게 굽은 깃털은 탄력이 있어서 날개를 위로 칠 때뿐 아니라 아래로 칠 때에도 충분히 제 역할을 한다. 더

길앞잡이
곤충 세계의 육상 챔피언.
게다가 날기까지 한다.

욱이 날개를 팽팽하게 유지하기 위해서 뒷다리로 지탱할 필요도 없다. 이는 박쥐나 익룡과 달리 새가 아주 잘 걷고, 달리고, (작은 새들은) 총총 뛰어다닐 수 있다는 뜻이다. 어기적거리며 걷는 굼 뜬 익룡이나 박쥐에 비해 엄청난 이점을 지닌다.

곤충도 같은 이점을 지닌다. 여섯 개의 다리는 모두 비행에 쓰이지 않기에, 자유롭게 걷고 달리는 데 쓰인다. 예를 들어, 길앞잡이는 도마뱀에게서 달아날 필요가 있을 때는 날 수 있지만, 주로 발로 돌아다니면서 거미나 개미 같은 먹이를 사냥한다. 그리고 사냥할 때는 초속 2.5미터로 달릴 수 있다. 1초에 자기 몸길이의 약 125배나 되는 거리를 달리는 것과 같다. 그 속도를 사람이 달리는 속도와 비교한다는 것은 사실 온당하지 못하지만, 독자가 원한다면 굳이 계산하는 것을 말리지는 않겠다. 길앞잡이의 튼튼하고 긴 멋진 다리를 한 번 보기만 해도, 얼마나 잘 달릴지 짐작할 수 있다.

뼈로 지탱되는 비행하는 척추동물의 날개와 달리, 곤충의 날개는 따로 지지대라고 할 만한 것이 전혀 없다. 아무튼, 곤충의 뼈대는 겉뼈대다. 몸 바깥을 감싸고 있는 껍데기 전체가 뼈대다. 날개는 가슴의 겉뼈대가 자라난 것이며, 따라서 작은 곤충의 무게를 충분히 들어 올릴 수 있을 만큼 자동적으로 빳빳해진다.

이 장의 요지는 날개가 동물의 전체 크기에 비해 넓은 표면적을 지닌다는 것이다. 공중에 뜰 양력을 일으키려면 그렇게 큰 표면적이 필요하다. 그리스 신들의 전령인 헤르메스(로마의 머큐리)

비행이 이렇게 쉽다면 얼마나 좋을까?

시인 매슈 아널드Matthew Arnold가 "꿈꾸는 첨탑의 감미로운 도시"라고 부른
옥스퍼드 상공을 날고 있는 빅토리아 시대에 설계된 실패할 수밖에 없는
환상의 비행기. 사실 옥스퍼드는 그런 표현보다는 같은 시이이 말한 "잃어버린
대의와 버려진 믿음의 고향"이라는 말이 더 어울릴 법하다.

의 샌들에 달린 날개는 너무 작았다. 빅토리아 시대에 설계된 비행 기계인, 멋지긴 하지만 실패할 수밖에 없는 작은 프로펠러 장치만큼 터무니없다.

CHAPTER 6

무동력 비행:
낙하와 활공

6장

무동력 비행: 낙하와 활공

독자가 얼마나 무겁든 간에 표면적이 충분히 넓다면, 적어도 부드럽고 안전하게 하강할 만큼 중력을 길들일 수 있다. 우리가 낙하산을 메고서 하는 일이 바로 그것이다. 이 장에서는 표면적 확장을 이용한 낙하 ― 그리고 활공 ― 를 살펴보기로 하자. 여기에 날개도 포함시킬 수 있긴 하지만, 먼저 사실상 날개가 아닌 표면 확장의 사례부터 살펴보기로 하자.

앞서 살펴보았듯이, 아주 작은 동물은 자동적으로 체중에 비해 상대적으로 표면적이 넓으므로, 특수하게 만든 낙하산이 없어도 안전하게 하강할 수 있다. 다람쥐는 그럴 수 있을 만큼 작지가 않다. 그래서 표면적을 넓혀서 도움을 받아야 한다. 다람쥐는 뛰어난 솜씨로 빠르게 나무를 기어올라서 이 나뭇가지에서 저 나뭇가지로 폴짝 뛰곤 한다. 복슬복슬한 긴 꼬리는 표면적을 넓히기 때문에 그런 꼬리가 없을 때보다 다람쥐는 조금 더 멀리 있는 가지까지 안전하게 뛸 수 있다. 날개 같은 진정한 비행 표면은 아니

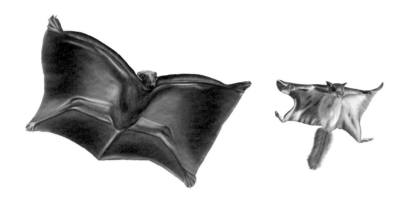

서로 독자적으로 진화한 살아 있는 낙하산

'날여우원숭이'인 콜루고(왼쪽)와 '날다람쥐'(오른쪽).

지만, 어느 모로 보나 공중으로 뛸 때 조금은 도움이 되며, 다람쥐는 몸집이 작기에 공기를 받는 표면을 제공하는 복슬복슬한 꼬리의 혜택을 충분히 볼 수 있다.

날다람쥐라는 특수한 유형의 다람쥐도 있다(활공다람쥐라는 이름이 더 맞긴 하다). 이들은 이 개념을 조금 더 밀고 나갔다. 그들은 앞다리와 뒷다리 사이에 뻗어 있는 피부막을 진화시켰다. 낙하산에 상응하는 것으로, 이를 비막patagium(로마 여성의 튜닉 가장자리를 가리키는 라틴어에서 유래)이라고 한다. 날다람쥐는 가지에서 가지로 뛰기만 할 수 있는 것이 아니다. 낙하산을 펼치듯 앞다리와 뒷다리를 쫙 벌려서 약 20미터 떨어져 있는 나무까지 부드럽게 활공해 갈 수도 있다. 비막을 낙하산처럼 사용함으로써 천천히 가라앉으면서 떠갈 수 있다. 이를 통해 안전하게 하강하면서 숲의 다른 나무로 옮겨 간다. 대개는 한 나무의 높은 곳에서 뛰어 다른 나무줄기의 밑동 가까이로 활공한다.

동남아시아와 필리핀의 숲에는 이 개념을 조금 더 멀리까지 밀고 나간 동물이 산다. 콜루고colugo 또는 코베고cobego 혹은 '날여우원숭이'라고 불리는 이 동물은 사실 여우원숭이가 아니다(진정한 여우원숭이는 모두 마다가스카르에 산다). 콜루고는 영장류(여우원숭이와 원숭이, 우리가 속한 포유류 집단)에 속하지 않지만, 영장류의 친척이다. 날다람쥐처럼 이들도 비막을 진화시켰다. 그러나 이 비막은 팔과 다리 사이에만 뻗어 있는 것이 아니다. 꼬리까지도 뻗어 있다. 몸의 거의 대부분이 커다란 낙하산을 이룬다고 할 수 있다. 이 비막은 날다람쥐의 것보다 표면적이 더 넓으며, 이들은 백 미터 떨어진 곳까지 활공할 수 있다. 이 비막도 진정한 날개는 아니다. 박쥐나 새의 날개처럼 파닥거릴 수 없다. 그러나 낙하산을 잘 타는 사람이 노련하게 밧줄을 잡아당겨서 방향을 조종하는 것처럼, 콜루고는 팔다리를 움직여서 활공 방향을 바꿀 수 있다. 사실 날다람쥐는 대부분 비막이 꼬리까지 이어져 있지 않지만, 중국의 한 커다란 날다람쥐는 비막이 꼬리의 밑동까지는 뻗어 있다. 이는 콜루고의 낙하산이 어떤 식으로 서서히 진화해 왔는지 알려 주는 단서가 된다.

콜루고와 날다람쥐는 서로 독자적으로 비막을 진화시켰다. 즉, 수렴 진화다. 그러나 숲에 사는 포유류 중 그들만이 그런 방향으로 진화한 것은 아니다. 호주는 공룡이 멸종한 뒤로 거의 내내 고립된 상태로 있었고, 그 땅에서는 죽 포유류가 지배적인 역할을 했다. 호주에서는 공룡이 떠난 빈자리를 채울 만한 위치에 있던 포유류가 모두 유대류(그리고 알을 낳는 소수의 포유류인 오리너구리와 바늘두더지의 조상들)였다. 호주와 뉴기니에서는 아주 다양한 유대류가 진화했으며, 나머지 세계에서 친숙한 모든 포유동물과 비슷한 유대동물들을 다 찾아볼 수 있을 정도였다. 유대류 '늑대', 유대류 '사자', 유대류 '생쥐'도 있었다. 따옴표를 쓴 것은 나머지 세계에서 우리가 실제 그 이름으로 부르는 동물들과 달리, 이 '늑대', '사자', '생쥐'는 독자적으로 진화했기 때문이다. 또 유대류 '두더지', 유대류 '토끼', 그리고 이미 추측했겠지만 유대류 '날다람쥐'도 있었다. 이 호주 유대류 활공자는 유대하늘다람쥐다. 여기서 여러 가지 동물학적인 이유로, 뉴기니라는 커다란 이웃 섬도 나름의 호주라고 볼 수 있다는 말을 해 두자. 뉴기니에는 자체 유대류 동물상이 있으며, 나름의 캥거루도 있다. 그리고 호주의 유대류 활공자와 비슷한 나름의 유대류 활공자도 있다.

유대류 활공자는 몇 종이 있다. 그들은 콜루고와 달리 꼬리를 제외하고 모두 팔에서 다리까지 비막이 뻗어 있다는 점에서 날다람쥐를 닮았다. 날다람쥐와 가장 닮은 종은

슈거글라이더sugar glider

다. 호주와 뉴기니 양쪽에

다 살고, 약 50미터 떨어진 나무

까지 활공할 수 있다. 날다람쥐의 쌍둥이

처럼 생겼지만, 포유류 중에 거의 가장 거리가 먼 친척이라고 할 수 있다. 이런 수렴 진화는 자연 선택의 힘을 보여 주는 아름다운 사례다. 숲에 사는 포유동물에게 비막은 좋은 것이다. 그래서 설치류와 유대류 양쪽에서 독자적으로 진화했다. 그리고 콜루고에게서도. 그러나 우리는 여기서 더 나아갈 수 있다. 설치류 내에서도 비막은 두 번 독자적으로 진화했다. 진정한 다람쥣과에서 한 차례 진화했고, 아프리카의 한 설치류과에서도 진화했다. 후자는 비늘꼬리날다람쥐류다. 그들은 모습도, 활공하는 행동도 아메리카와 아시아의 숲에 사는 날다람쥐, 호주의 유대하늘다람쥐와 비슷하다. 하지만 독자적으로 비막을 진화시켰다.

숲의 활공자는 먼저 높은 곳으로 올라가야 원하는 곳까지 하강할 수 있다. 숲에서는 나무를 기어올라서 높은 곳으로 간다. 그러나 활공할 수 있는 높이에 다다르는 또 다른 방법이 있다. 바로 절벽을 이용하는 것이다. 사람도 행글라이더를 탈 때 이 방법을 주로 쓴다(나보다 훨씬 더 대담한 이들이다). 또 많은 바닷새는 날개를 칠 수 있지만, 가능하다면 절벽에서 뛰어내려 활공하는 쪽을 선호한다. 힘이 덜 들고, 또 절벽 주위에는 유용한 상승 기류가 있기 때문이다. 칼새는 힘차게 날개를 치면서 나는 비행 기술의 극치를 보여 주는 새지만, 땅에서는 이륙할 수가 없다. 아주 드물게 땅에 내려야 할 때(알을 낳기 위해서)는 반드시 공중으로 뛰어내릴 수 있는 높은 곳을 고른다. 데이비드 애튼버러의 〈BBC〉 촬영팀이 찍은 일본의 슴새는 비탈길(기울어진 나무줄기)을 줄지어 올라가서 적당한 좋은 높이에서 뛰어내렸다.

활공하는 새가 아래로 활공을 시작하기 전에 높이, 때로 아주 높이 올라갈 수 있는 중요한 방법이 하나 더 있다. 바로 온난 상승 기류를 이용하는 것이다. 뜨거운 공기는 솟아오른다. 온난 상승 기류는 더 차가운 공기에 둘러싸여 솟아오르는 따뜻한 공기의 수직 기둥이다. 온난 상승 기류는 흔히 태양에 땅이 불균등하게 가열될 때 일어난다. 예를 들어, 드러난 바위처럼 주변 땅보다 더 뜨겁게 달아오르는 곳들이 있다. 그러면 그 주위의 공기도 가열되면서, 온난 상승 기류가 되어 올라간다. 그 아래로는 주위의 차가운 공기가 모여들어서 빈자리를 메웠다가 마찬가지로 가열되어 위로 올라간다. 올라가는 공기는 점점 차가워져서 온난 상승 기류의 꼭대기까지 가면 주위로 가라앉는다. 내려간 공기는 상승 기둥의 바닥으로 다시 빨려 들어가고, 그럼으로써 대류 순환이

오래 활공하기 위해서 높이 오르기 ☞

온난 상승 기류들을 오가면서 활공한다(척도는 무시했다).

행글라이더
거대한 익룡이 된 기분을 느끼지 않을까?

이루어진다. 솜이 뭉친 것 같은 뭉게구름은 온난 상승 기류의 꼭대기에서 공기가 식으면서 물방울이 생길 때 형성되곤 한다. 이런 구름은 멀리서도 온난 상승 기류가 있다는 것을 알려 주는 지표가 될 수 있다.

숲에서 콜루고가 나무 위로 올라가서 뛴 다음 활공으로 멀리 떨어진 나무 밑동에 내려앉을 수 있는 것처럼, 독수리 같은 높이

나는 새들은 나무 대신에 온난 상승 기류를 써서 활공할 수 있다. 게다가 나무는 높이가 수십 미터에 불과하지만, 온난 상승 기류는 독수리를 수천 미터 높이까지 밀어 올릴 수 있다. 아프리카 사바나 상공에서는 독수리가 빙빙 돌면서 서서히 고도를 높여 가는 모습을 볼 수 있다. 온난 상승 기류의 수직 기둥 안에 머물기 위해서 빙빙 도는 것이다. 글라이더 조종사도 같은 행동을 한다. 새의 비행을 연구한 손꼽히는 학자 중 한 명이었던 콜린 페니퀵Colin Pennycuick은 조종사이기도 했다. 그는 글라이더로 독수리, 콘도르, 수리를 뒤따르면서 높이 날곤 했다.

나는 글라이더를 몰려고 시도한 적이 없으며, 앞으로도 그럴 것 같지 않다. 행글라이더를 타는 편이 활공하는 기분을 더 제대로 느낄 수 있을 듯도 하다. 몸무게를 옮겨서 직관적으로 방향을 조정할 수 있으니까. 나는 행글라이더를 많이 타 본 사람은 날개가 마치 자기 몸의 일부인 양 느끼지 않을까 상상한다. 절벽에서 상승 기류를 타고 높이 떠서 맴도는 갈매기도 비슷한 기분을 느끼지 않을까? 사바나 상공에서 온난 상승 기류를 타고 땅을 훑는 독수리도 마찬가지가 아닐까? 익룡도 그랬을지 모른다. 하지만 나는 시도해 볼 엄두가 나지 않는다. 행글라이딩 애호가처럼 절벽 위에서 뛴다고 생각하면 아찔하다. 딱히 타당한 이유가 있는 것은 아니지만, 낙하산을 타고 비행기에서 뛰어내리는 것보다 더 두렵다. 아일랜드 서부의 유명한 모허 절벽에 갔을 때, 나는 절벽 가장자리까지 무릎으로 기어가야 했고, 배를 깔고 납작 엎드리고 싶었다.

우리는 사바나를 군데군데 기둥처럼 솟아오르는 온난 상승 기류들로 이루어진 드넓은 '숲'이라고 상상할 수도 있다. 이 숲의 '나무'는 솟아오르는 뜨거운 공기 기둥이며, 날다람쥐, 콜루고, 비늘꼬리날다람쥐가 기어오르는 나무보다 수천 미터 더 높이 자랄 수 있다. 그리고 각 나무는 서로 훨씬 더 멀찌감치 떨어져 있다. 그래서 콜루고는 수평 거리로 약 백 미터까지 활공할 수 있는 반면, 독수리는 수 킬로미터 떨어진 곳까지 활공이 가능한 높이로 올라갈 수 있으며, 그 거리면 다른 온난 상승 기류의 아래쪽까지 갈 수 있을 것이다. 그러면 높이 올라가 다시 다른 온난 상승 기류의 아래쪽까지 활공할 준비를 할 수 있다. 글라이더 조종사는 온난 상승 기류들이 '도로'처럼 늘어서 있다는 말을 종종 한다. 도로를 따라 온난 상승 기류를 차례로 탄다면, 전국을 돌아다닐 수 있을 만치 무한정 떠 있을 수 있다. 독수리와 황새도 같은 방식으로 그런 도로를 이용한다.

그런데 새들은 다음 온난 상승 기류가 어디에 있는지 어떻게 알까? 아마 글라이더 조종사와 같은 방법을 쓸 것이다. 온난 상승 기류의 꼭대기에 피어난 뭉게구름을 찾는 것이다. 아니면 멀리서 맴돌고 있는 새들을 찾거나. 지형을 읽는 것인지도 모른다.

물론 도로에서 다음 온난 상승 기류로 나아가는 것이 독수리가 높이 오르고자 하는 주된 이유는 아니다. 2장에서 살펴보았듯이, 높이 날면 아주 넓은 면적을 훑어서 먹이를 찾을 수 있고, 찾앉을 때 빠르게 활공하여 내려갈 수 있다. 많은 다른 새처럼 독수리들은 원거리 시력이 아주 좋다. 수 킬로미터 떨어진 곳에서도 사자가 잡은 먹이를 볼 수 있고, 각자 온난 상승 기류를 타고 있던 다른 독수리들이 땅의 한곳으로 몰려 내려가는 것도 알아차릴 수 있다. 먹이를 먹어 배가 든든해지고 몸이 무거워졌지만, 그래도 독수리들은 다시 이륙해야 한다. 이때는 날개를 치는 수밖에 없다. 비록 에너지가 많이 들긴 하지만, 땅에서 날아올라서 온난 상승 기류의 아래쪽으로 들어가기 위해서는 어쩔 수 없다.

돌고래와 펭귄은 빨리 헤엄칠 때는 수면 위로 떠오른다. 이 방법은 아마 에너지를 절약해 줄 것이다. 공기가 물보다 저항이 더 적기 때문이다(다른 이점 때문이라는 주장들도 나와 있지만). 많은 어류도 수면 위로 떠오르곤 한다. 다랑어처럼 빠르게 헤엄치는 포식자로부터 달아나기 위해서다. 작은 물고기 떼 전체가 그런 행동을 할 때면, 모습이나 소리가 마치 소나기가 퍼붓는 것 같다. 일부 어류, 이른바 날치는 아주 커진 지느러미를 날개처럼 써서 더욱 높고 멀리 뛰어오른다. 그들은 지느러미를 파닥거리는 대신에 활공을 한다. 때로는 물결로 생기는 상승 기류의 도움을 받아 최대 시속 65킬로미터로 무려 2백 미터까지 날아간 뒤에 다시 수면에 닿기도 한다. 이들은 새처럼 날개를 치지는 않지만, 일부 날치는 나는 동안 몸을 좌우로 굴린다. 그럼으로써 날개를 치는 것과 비슷한 효과를 얻는 것처럼 보인다. 물고기는 꼬리지느러미를 물결치듯 움직이면서 헤엄친다. 날치가 날아오를 때, 물을 떠나기 위해 마지막으로 하는 일은 꼬리를 계속 치는 것이다. 때로 착륙할 때, 날치는 속도를 높이기 위해 꼬리지느러미의 긴 아래쪽을 획획 움직여서 활공 거리를 늘림으로써, 몸이 완전히 물에 잠기기 전에 다시 이륙한다.

뒤쫓는 다랑어의 눈에는 날치가 갑작스럽게 사라진다. 전반사total internal reflection라는 현상 때문이다. 물속에 있는 포식자가 수면 위로 뛰쳐나간 먹이는 볼 수 없다는 뜻이다. 컴퓨터 게임에서 하이퍼스페이스 버튼을 누르는 것처럼, 순식간에 다른 차원으로 사라진다(진짜 그렇다는 것이 아니라).

날치는 다랑어의 세계에서 갑작스럽게 사라질 때, 불행하게도 군함조처럼 먹이를 기다리는 새들의 세계에 갑작스럽게 뛰어드는 꼴이 되기도 한다. 군함조는 수면에서 물고기를 잡을 수도 있지만, 먹이를 잡아서 날아가는 다른 새를 덮쳐서 먹이를 빼앗을 때가 더 많다. 군함조에게 날치는 틀림없이 훔칠 만한 먹이를 지닌 새처럼 보일 것이다. 날치를 잡는 데 필요한 기술은 날고 있는 갈매기로부터 먹이를 빼앗는 데 필요한 기술과 분명 비슷할 것이다. 그리고 군함조는 정말로 공중에서 날치를 잡는 데 능숙하다. 군함조는 검은색이며, 때로 붉은색이 언뜻언뜻 비치곤 하는 모습이 꼭 선사 시대의 익룡과 악마의 잡종처럼 보인다. 데이비드 애튼버러가 가여운 날치가 악마와 깊은 푸른 바다 사이에 잡혀 있다고 표현한 데는 충분한 이유가 있다.

만달레이로 가는 길에, 날치들이 노니는*

나는 진정한 비행(계속 떠 있는)이 어류 내에서 진화하지 않았다는 사실이
조금 놀랍다. 다시 수백만 년이 더 지나면 진화할까?

---

* 조지프 러디어드 키플링의 시

오징어도 빨리 헤엄칠 수 있으며, 일부 아주 빠른 종은 독자적으로 날치와 비슷한 습성을 갖추는 쪽으로 수렴 진화했다. 마찬가지로 포식자를 피하기 위해서다. 하지만 흥미로운 차이점은 이 연체동물이 제트 추진 방식을 써서 놀라운 속도를 달성함으로써, 헤엄치고, 날고, 후진까지 한다는 것이다. 이들은 입으로 세차게 물을 뿜으면서 몸을 화살과 비슷한 모양으로 만들어 공중으로 솟구쳐 약 3초 동안 30미터쯤 날아간 뒤 수면에 착륙할 수 있다.

우리는 편의상 동력 비행과 활공을 분리해서 각각 다른 장으로 다루었다. 그러나 이 구별은 다소 모호하다. 습관적으로 온난 상승 기류를 타고 높이 올라갔다가 활공해서 다음 도로의 온난 상승 기류로 향하는 새들조차도 때로 날개를 친다. 앨버트로스도 그렇다. 다음 두 장에서는 동력 — 새의 근력이든 내연 기관이든 항공기 제트 엔진이든 간에 — 을 써서 계속해서 공중에 떠 있는 진정한 동력 비행을 살펴보기로 하자.

CHAPTER 7

동력 비행과
작동 방식

창의적인 비행 군인

그런데 왜 '군인'일까?

이 경이로운 기계를 더 나은 쪽으로 쓸 수 있는 방법이 분명히 있을 텐데?

7장

동력 비행과 작동 방식

지금까지 우리는 넓은 표면적을 이용하면 노력도 에너지 소비도 거의 없이 활공하거나 상승하고 떠 있을 수도 있다는 것을 알아보았다. 그러나 열심히 일할 준비가 되어 있다면, 중력에 맞설 기회가 더욱 많이 열린다. 주된 방법은 두 가지다. 첫 번째 방법은 자기 몸을 직접 밀어 올리는 것이다. 이는 직접적이면서 확실한 방법으로, 헬기, 로켓, 드론이 쓴다. 호버크라프트는 스커트나 커튼 안쪽에서 프로펠러를 아래로 돌려서 수면 위에 공기층을 만든 뒤 그 위에서 달린다. 수직 이착륙 제트기는 제트를 아래로 뿜어서 동체를 땅에서 들어 올린다. 2019년 프랑스 혁명 기념일에 파리 상공을 난 멋진 '비행 군인' 같은 스턴트 비행사도 비슷한 방법을 썼다.

레오나르도 다빈치는 여러 면에서 시대를 앞섰으며, 헬기의 선조라고 할 만한 장치도 설계했다. 안타깝게도 그 장치는 작동할 수 없었을 것인데, 인간의 근력에 의지했기에 더욱 그렇다. 사람의 근력은 사람과 기계의 무게를 들어 올리기에는 너무 약하다. 현대 헬기는 많은 양의 화석 연료를 태워서 거대한 회전 날개를 요란스럽게 돌리는 강력한 엔진을 장착하고 있다. 비틀린 날개가 아래쪽으로 강한 바람을 일으킴으로써 헬기를 곧바로 위로 밀어 올린다.

또 헬기는 꼬리에 프로펠러가 하나 더 필요하다. 옆을 향해 있는 이 프로펠러는 동체가 팽이처럼 빙빙 도는 것을 막는다. 레오나르도는 이 마지막 측면을 간과한 듯하다. 수직 이차륙기인 해리어기와 그 후속 기종들은 그런 꼬리 회전 날개가 필요 없다. 아예 회전 날개가 없기 때문이다. 이륙할 때에는 제트 노즐을 곧바로 아래로 향하게 해 동체를 들어 올린다. 이륙하면 노즐 방향을 바꿔 뒤로 향하게 해 앞으로 날아간다. 그러면 정상적인 비행기처럼 날개를 통해 양력을 얻는다. 그렇다면 일반 항공기는 어떻게 이륙할까? 조금 더 복잡한데, 이제부터 살펴보기로 하자.

헬기와 달리, 일반 항공기는 프로펠러나 제트를 써서 앞으로 빠르게 나아감으로써 양력을 얻는다. 그리고 날개에 부딪히거나 날개 주위로 지나는 공기의 흐름은 두 가지 방식으로 비행기를 띄운다. 이 두 방식 모두 제작된 항공기뿐 아니라 살아 있는 비행자에게도 중요하다. 두 방식 중에서 명백하면서 가장 중요한 것은 뉴턴 방식이다. 비행기가 나아가면 공기가 날개에 부딪히면서 압력이 생기고, 날개가 살짝 위로 기울어져 있기 때문에 비행기가 빠르게 나아가면 이 압력이 비행기를 위로 들어 올린다. 빠르

레오나르도의 독창적인 발명 중에서 아마 가장 탁월하지는 않을 듯하다

네 사람이 전력으로 달리면서 감개를 돌린다고 해도,
이 장치는 땅에서 1센티미터도 뜨지 않을 것이다.

게 달리는 차에서 창밖으로 손을 내밀면 이 효과를 느낄 수 있다.
손바닥을 약간 위로 기울이면 팔이 위로 밀려 올라가는 것이 느
껴진다(신호를 보낸다고 다른 차에 탄 이들이 착각할 위험이 있다면
하지 말기를). 이는 날개가 어떻게 작동하는지를 말해 주는 확실
한 설명이다. 즉, 날개는 뉴턴 방식을 쓴다. 이것이 비행기가 양
력을 얻는 주된 방식이다. 약간 위로 기울어진 납작한 판이기만

해도 날개는 작동할 것이므로, 이를 '납작판 방식'이라고 부를 수도 있겠다.

그러나 덜 명백하긴 하지만 작동하는 방식이 또 하나 있다. 이 두 번째 방식은 빠르게 앞으로 추진될 때 날개에 양력을 일으킨다. 이 방식은 18세기 스위스 수학자 다니엘 베르누이Daniel Bernoulli의 이름을 딴 것이다. 많은 이들, 특히 몇몇 교과서 저자조차도 이 두 방식이 어떻게 함께 작용하는지 제대로 이해하지 못하고 있다. 다행스러운 점은 우리가 복잡한 양상을 띠는 이 두 방식이 정확히 어떤 식으로 작용하는지를 단순한 용어로 설명하기 어렵다고 해도, 비행기가 뜬다는 것이다.

날개가 양력을 제공하는 두 번째 방식, 즉 베르누이 방식에 대해 알아보자. 우리는 현대 항공기의 날개가 납작판이 아님을 안다. 멋지게 다듬어진 모양이다. 앞쪽 가장자리는 두껍고 뒤쪽 가장자리는 얇다. 그리고 날개의 단면을 보면 공들여 다듬은 곡선 모양을 하고 있다. 공기가 날개 표면 위로 흐를 때 베르누이 원리에 따라서 양력을 얻도록 설계된 모양이다.

베르누이 원리는 유체('유체'는 액체뿐 아니라 기체도 의미한다)가 어떤 표면 위를 지나갈 때, 그 표면에 가해지는 압력이 줄어든다고 말한다. 이 장의 끝부분에서 이를 내 나름의 방식으로 설명하려는 시도도 해 보겠다. 샤워할 때 커튼이 다가와서 끈적끈적하게 달라붙는 것도 바로 이 때문이다. 이를 막기 위해서 욕조 바깥에 두 번째 커튼을 달기도 한다. 이 사례에서 베르누이 유체는 떨어지는 물이 일으키는 아래로 부는 바람이다. 한 커튼의 양쪽에서 두 샤워기가 아래로 물을 쏟아 내고 있다고 하자. 그런데 한쪽이 다른 쪽보다 물을 더 빠르게 쏟아 낸다. 베르누이 원리에 따르면, 커튼은 물줄기가 더 빠른 쪽으로 '빨려 들' 것이다. (여기서 '빨려 들'에 따옴표를 단 이유는 흔히 흡인을 한쪽이 다른 쪽보다 압력이 더 높아서 일어나는 현상이라고 착각하기 때문이다.)

물론 비행기 날개가 공기를 가르고 나아갈 때도 바람을 받는다. 비행기는 바람의 도움을 받기 위해서 가능하다면 바람에 맞서는 방향으로 이륙을 한다. 그런데 여기에서 조금 미묘한 내용이 나온다. 베르누이 원리는 흡인의 세기가 바람이 스쳐 지나가는 표면의 모양에 따라 달라진다고 말한다. 공기는 더 납작한 표면을 지닌 날개 아랫면보다 더 구부러진 표면을 지닌 윗면을 더 빠르게 지나간다. 여기서 빠른 물줄기와 느린 물줄기 사이에 걸려 있는 커튼을 떠올려 보자. 샤워 커튼과 마찬가지로, 날개도 위쪽 표면의 압력이 낮기 때문에 위로 빨려 든다.

정확히 말하자면, 날개의 굽은 윗면에서 공기가 더 빨리 흐르는 이유는 아주 복잡하다. 예전에는 대개 두 공기 분자가 날개 앞쪽에서 동시에 출발해 위아래로 분리되어 날개를 스쳐 지나간다면, 어떤 수수께끼 같은 이유로 날개 뒤쪽에 동시에 도착해야 한다고 설명하곤 했다. 다시 말해, 굽은 위쪽 표면을 따라 나아가는 분자는 더 멀리 돌아가기에 더 빨리 움직여야 한다. 전에는 그렇게 생각했다. 그러나 그 설명은 틀렸다. 두 분자는 같은 시간에

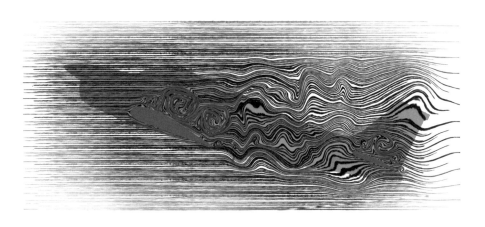

실속한 항공기

실속한 항공기의 난류 양상.

날개 뒤쪽에 도달하지 않는다. 그래야 할 이유도 전혀 없다. 그렇긴 해도 공기 분자는 날개 표면에 부딪힌 뒤 접선으로 쭉 뻗어 나가는 것이 아니라 굽은 위쪽 표면을 껴안은 채 움직이기에, 납작한 아래쪽 표면보다 굽은 위쪽 표면을 더 빨리 이동한다. 따라서 베르누이 효과는 실제로 어느 정도의 양력을 제공한다.

이렇게 말했으니, 베르누이 효과가 양력에 기여하는 정도가 앞서 말한 '납작판', 즉 뉴턴 효과보다 대개는 덜 중요하다는 점을 다시금 강조해야겠다. 베르누이 양력이 비행에 가장 중요한 기여 요인이라면, 비행기는 뒤집힌 채로 날 수 없어야 한다. 그런데 비행기, 적어도 작은 비행기는 뒤집힌 채로도 날 수 있다.

방금 공기 분자가 굽은 위쪽 표면을 '껴안고' 있으며, 표면에 부딪힌 뒤 접선 방향으로 날아가 버리지 않는다고 말했다. 그러나 그 말은 일부만 맞다. 받음각이 너무 크면, 즉 날개가 너무 많이 기울어지면, '껴안기'가 끊기면서 공기 분자는 날개의 표면을 따라 매끄럽게 흐르는 대신에 떨어져 나가면서 소용돌이치는 난류로 들어간다. 베르누이 흡인은 깨지고, 항공기는 갑자기 양력을 잃는다. 이를 실속이라고 한다. 실속은 위험할 수 있으며, 조종사는 받음각을 줄임으로써(대개 기수를 조금 내림으로써) 날개 위쪽으로 공기가 매끄럽게 흐르는 층류를 복원해 양력을 복구하는 조치를 취해야 한다.

방금 '받음각angle of attack'이라는 용어를 썼는데, 이 용어를 정의할 필요가 있겠다. 그리고 내친김에 비행과 관련된 몇 가지 전문 용어도 정의하기로 하자. 받음각은 날개가 기류와 만나는 각도를 말한다. '피치pitch'와 혼동하지 말기를. 피치는 지면과 이루는 각도를 가리킨다. 비행기가 이륙할 때 피치는 크다. 여객기가 이륙할 때 트레이를 접어 넣으라는 말을 듣지 않으면, 음료가 무릎에 쏟아지는 이유가 바로 그 때문이다. 이때는 받음각도 크다. 그러나 피치가 크다고 해서 반드시 받음각도 크다는 의미는 아니다. 거의 수직으로 올라가는 전투기는 피치는 커도 받음각은 낮다. 날개로 밀려드는 기류도 아래로 향해 거의 수직이기 때문이다.

'피칭pitching'은 항공기의 기수가 아래나 위로 기울어지며 지면과 이루는 상대적인 각도를 말한다. 또 한쪽 날개가 올라가고 다른 쪽 날개가 내려가 비행기가 좌우로 기울어지는 것은 '롤링 rolling'이라고 한다. 조종사는 날개 뒤쪽에 연결된 보조 날개를 써서 롤링을 제어한다. 피칭은 수평 꼬리 날개에 달려 있는 승강타로 조절한다. 또 비행기가 왼쪽이나 오른쪽으로 도는 것은 '요잉 yawing'이라고 한다. 이 세 가지가 비행에 쓰이는 중요한 용어다. 조종사는 수직 꼬리 날개의 방향타를 움직여서 요잉을 제어한다. 물론 동물 비행자도 피칭, 롤링, 요잉을 제어한다.

지금까지 나는 고정 날개를 지닌 비행기를 주로 나루었다. 비행 이론은 고정 날개로 설명하기가 더 쉽기 때문이다. 그렇다고 해도 여전히 어렵다. 라이트 형제를 비롯하여 몇몇 초기 항공기 설계자들은 '날개 비틀기wing warping'를 이용해서 방향을 조종했다. 끈과 도르래로 왼쪽 날개나 오른쪽 날개의 모양을 비틀어서 방향을 조종하는 독창적인 방식이었다. 지금은 날개 비틀기 대신에 보조 날개를 쓴다. 고정 날개 항공기보다 새의 날개가 어떻게 양력을 얻고 앞으로 나아가는지 이론적으로 계산하기는 더 어렵다. 새는 날개를 칠 수 있을 뿐만 아니라, 예민하게 조정하고 모양을 끊임없이 바꿀 수도 있다. 나는 이것이 일종의 날개 비틀기가 아닐까 생각한다. 날갯짓과 모양 변화 때문에 새의 비행은 수학적으로 상세히 살펴보기가 매우 어렵다. 그러나 우리는 양력을 얻는 두 가지 방식, 즉 뉴턴 방식과 베르누이 방식이 비행기 날개뿐 아니라 새의 날개에도 똑같이 작용한다고 말할 수 있다. 더 복잡한 방식으로 작용하겠지만 말이다. 이 문제는 뒤에서 다시 살

항공기와 새는 동일한 물리 법칙에 따라야 한다
양쪽은 비슷하지만 똑같지는 않은 해결책을 마련했다.

펴보기로 하고, 실속이라는 문제로 돌아가자. 이 문제는 비행기뿐 아니라 새에게도 적용된다.

항공기에는 실속 위험을 줄이기 위한 정교한 장치가 있다. '날개 슬랫wing slat'도 그중 하나다. 날개 슬랫은 주 날개 앞쪽에 교묘하게 붙은 작은 보조 날개처럼 보인다. 슬롯slot이라는 조종할 수 있는 틈새를 만들기 위해서 붙인다. 슬랫은 슬롯을 통해서 다른 곳으로 갈 공기를 주 날개의 위쪽 표면으로 돌림으로써 더 많은 공기가 위쪽 표면을 따라 흐르게 한다. 그러면 난류가 시작되는 지점이 더 뒤로, 즉 날개의 위쪽 표면을 지나서 더 뒤쪽으로 밀린다. 그렇게 실속을 방해한다. 날개 슬랫 덕분에 비행기는 실속을 일으키지 않으면서 받음각을 더 크게 할 수 있다. 슬랫은 정상적인 비행을 할 때는 산뜻하게 접혀 있다. 조종사는 이착륙을 할 때 슬랫을 작동시킨다. 받음각이 가장 커지고 비행기가 가장 느리게 날 때다. 현대 여객기는 날개 끝이 우아하게 비틀려 있기도 하다. 이 모양은 난류와 항력을 줄여 준다. 새의 날개도 같은 움직임을 보이곤 한다.

항공기만 실속을 겪을 수 있는 것은 아니다. 새는 살아 있는 항공기이며, 따라서 새도 예외가 아니다. 새도 항공기처럼 날개 슬랫이 있을까? 비슷한 것이 있다. 높이 나는 새들은 많은 경우 날개 끝 쪽의 깃털 사이가 뚜렷하게 벌어져 있다. 이 틈새는 슬랫과 같은 일을 하는 듯하다. 수리와 독수리는 이 특징을 아름답게 보여 준다. 날개의 바깥 가장자리에 있는 아주 커다란 1차 깃털들을 쫙 펼치면 그 사이로 뚜렷하게 틈새가 드러난다. 이런 커다란 1차 깃털 하나하나는 일종의 소형 날개 또는 날개 슬랫 역할을 한다. 이는 차가운 공기에 둘러싸인 좁고 따뜻한 공기 굴뚝 같은 온난 상승 기류를 타고 빙빙 돌면서 날아오르는 새에게는 특히 중요할 수도 있다. 독수리는 자칫해서 온난 상승 기류 바깥으로 나가는 일이 없도록 좁게 선회해야 한다. 따라서 안쪽 날개는 바깥쪽 날개보다 훨씬 느리게 나아가기 때문에 양력이 약하고 실속이 일어날 위험이 있다. 날개 끝의 펼쳐진 깃털은 이때 특히 유용하다. 상승 기류의 중심에 가까운 날개의 날개 슬랫 역할을 한다.

공학자는 설계한 비행기 날개(또는 축소한 모형)를 풍동에 넣

새의 통제된 실속

새는 실속할 수 있을 뿐 아니라, 착륙할 때 도움이 되도록 일부러 실속을
일으키기도 한다. 왜가리나 백로 같은 커다란 새가 착륙할 때면, 실속 난류에
날개 뒤쪽의 깃털이 위로 솟아오르는 것을 볼 수 있다.

레오나르도의 창의적인 오니숍터

행글라이더로는 쓸 수 있을지 모른다.
그러나 사람의 근력을 써서 날개를 치는 방식은 쓸모없을 것이다.

고 실험을 하며 완벽하게 다듬으려고 애쓴다. 모형은 공기를 가르고 날아가지 않지만, 모형 비행기나 날개를 풍동 안에 넣고 바람을 불어서 같은 효과를 일으킨다. 때로는 어떤 일이 일어나는지 보기 위해서 날개 위쪽에 천으로 된 작은 띠를 붙이기도 한다. 특히 날개의 모양이나 받음각을 바꿀 때 난류가 어떻게 변하는지 알아보려고 그렇게 한다. 모형 날개에 실속이 일어나기 시작하면, 띠들은 실속한 백로의 날개 뒤쪽에 있는 깃털처럼 위로 솟는다. 풍동 실험이 수학 계산보다 설계를 개선하는 더 쉬운 방법일 때가 많다. 난류는 계산하기가 극도로 어렵기 때문이다. 그리고 저마다 모양이 다른 날개를 지닌 비행기들을 죽 만들어서 시험 비행을 하는 것보다 훨씬 안전하고 저렴하다. 물론 새의 날개는 누군가가 복잡한 계산을 하거나 풍동 실험으로 시행착오를 거쳐서 완벽하게 다듬은 것이 아니라, 실제 살아가면서 시행착오를 거친 끝에 완벽해진 것이다. 그리고 여기서 '착오'는 풍동에서보다 현실에서 훨씬 더 심각한 의미를 지니게 된다. 갑작스러운 죽음을 의미할 수 있다. 덜 극적이라고 해도, 기대 수명과 번식률을 줄인다.

레오나르도 다빈치는 새에게 영감을 얻어서, 현대 행글라이더와 조금 비슷해 보이는 비행기를 많이 설계했다. 그중에는 '오니솝터ornithopter'도 있었다. 사람의 근력을 써서 날개를 치는 항공기였다. 레오나르도의 헬기처럼, 이런 식으로 날개를 치는 오니솝터는 어느 것도 날 수 없었을 것이다. 글라이더는 날 수도 있었겠지만, 날개를 치는 비행에는 사람의 근육이 낼 수 있는 것보다 더 많은 에너지가 필요하다. 인력 비행은 20세기 말에 사람의 약한 근력을 보완할 수 있을 마치 아주 가벼운 재료가 개발될 때까지 기다려야 했다. 인력 비행은 마침내 성공하긴 했지만, 그 비행기가 날개를 거의 치지 않고, 가까스로 뜬 것도 놀랄 일이 아니었다.

가장 장관이었던 인력 비행은 폴 맥크레디Paul MacCready가 설계한 고서머앨버트로스Gossamer Albatross일 것이다. 나는 캘리포니아에 있는 그의 자택에서 이 탁월한 발명가를 만난 바 있다.

☞ 그는 자신이 유선형에 푹 빠져 있다고 설명했다. 그는 자동차에도 관심을 가졌는데, 제조사들이 구매자의 마음을 끌기 위해서 유선형처럼 보이도록 설계를 할 뿐, 안타깝게도 대개 진짜 유선형으로 만들지는 않는다고 말했다. 특히 자동차의 밑면은 유선형이 아니다. 눈에 보이는 부분이 아니라서 영업에 별 도움이 안 되기 때문일 수도 있다. 유선형은 헤엄치거나 날아다니는 동물에게 대단히 중요하다. 야생이나 아쿠아리움에서 헤엄치는 펭귄이나 돌고래를 지켜본 적이 있다면, 아마 그늘의 빠른 속도를 부러워했을 것이다. 날렵한 몸매의 올림픽 우승자라고 해도, 사람은 그 동물들에 비하면 아주 굼떠 보인다. 돌고래는 꼬리를 한 번 치는 것만으로도 아주 미끄러운 기름을 바른 양 매끄럽게 물속을 나아간다. 이 말은 사실에 가까울 수 있다. 돌고래는 체형이 매우 유선형일 뿐 아니라, 일종의 비듬 형태로 피부를 계속 떨굼으로써 두 시간마다 바깥층을 새로 형성한다. 그것은 속도를 늦출 수 있는 미세한 소용돌이의 생성을 줄이는 효과가 있다.

고서머앨버트로스

자전거 페달을 밟아서 영국 해협을 횡단하는 데 성공한 고서머앨버트로스는
자전거 선수의 몸무게를 겨우 띄울 수 있었다. 비행에는 아주 에너지가 많이
든다. 사람의 근육이 해낼 수 있는 범위를 넘어선다.

고서머앨버트로스는 노련한 자전거 선수가 변형된 자전거의 페달을 밟아서 프로펠러를 돌려서 작동시켰다. 이 비행기는 1979년 영국에서 날아올라서 영국해협을 건너는 데 성공했다. 그러나 딱 한 번뿐이었다. 페달을 밟는 건강한 젊은이였던 조종사는 지구력을 한계까지 밀어붙여야 했고, 프랑스 해변이 보일 무렵에는 거의 쓰러질 지경이 되었다. 이 항공기는 수면 위에 겨우 몇 미터 뜬 상태에서 시속 11~29킬로미터로 날았다. 앨버트로스라는 이름에 걸맞았다. 라이트 형제처럼 맥크레디도 앨버트로스의 주 날개 앞쪽에 안정시키는 날개를 추가로 달았고, 프로펠러는 뒤쪽에 달았다. 또 이름에 걸맞게, 날개는 아주 길고 좁았다. 날개폭이 거의 30미터였다. 그리고 아주 가벼웠다. 무게가

98킬로그램에 불과했다. 그 무게의 절반 이상은 자전거를 타는 조종사의 몸무게였다.

맥크레디는 무게를 1그램이라도 줄이기 위해서 최선을 다했다. 비행기 부품들을 접합하는 데 쓰는 접착제도 아주 가벼운 특수한 종류를 썼다. 무게가 대단히 중요했으니까! 비행하는 동물도 최대한 몸을 가볍게 만든다. 새, 박쥐, 익룡의 뼈는 속이 비어 있다. 여기에서도 뼈를 가능한 한 가볍게 만드는 것과 잘 부러지지 않게 만드는 것 사이에 트레이드오프가 이루어졌을 것이다. 이빨이 별로 무겁지 않다고 생각할지 모르겠지만, 새는 조상이 지녔던 이빨을 버렸다. 이빨 대신에 각질의 부리가 더 가볍기 때문이다. 항공기가 빠를수록, 유선형을 취하는 것이 더욱 중요해진다. 그 이유가 궁금할 독자를 위해 설명하자면, 공기 저항이 속도의 제곱에 비례하기 때문이다. 미국, 유럽, 러시아 등 어디에서 설계되었든 간에, 현대 고속 여객기가 거의 똑같은 모습인 것도 우연이 아니다. 산업 스파이 활동만으로는 설명되지 않는다. 모든 나라의 공학자들은 동일한 물리 법칙을 붙들고 씨름해야 한다. 항공기가 더 느렸던 이전 시대에는 이런 통일성을 찾아볼 수 없었다.

고서머앨버트로스 이후에 폴 맥크레디는 태양력으로 추진되는 항공기인 솔라챌린저Solar Challenger호 등 비행기 연구 개발을 계속했다. 솔라챌린저호도 아주 가벼우면서 극도로 유선형이었다. 날개와 꼬리 전체에 태양 전지판을 붙였고, 조금 큰 프로펠러로 움직였다. 시속 64킬로미터로 날 수 있었고, 4천 미터 이상까지 올라갈 수 있었다. 나중에 태양력 항공기들은 세계 일주를 하는 수준에 이르렀다. 한 번에 다 날아간 것은 아니었지만(인간적인 이유 때문이었다. 몇 주씩 걸리는 여정이었으니까). 아무튼 그런 항공기는 낮에 햇빛을 받아서 배터리를 충전해, 낮뿐 아니라 밤에도 날았다.

고서머앨버트로스는 인간의 근력으로 할 수 있는 일을 한계까지 밀어붙였다. 레오나르도의 기계가 하고자 열망했지만 실패했던 일을 해냈고, 새처럼 날개를 치지는 않았지만 레오나르도의 오니숍터가 원래 하고자 했던 일을 성공시켰다. 고서머앨버트로스는 근력으로 프로펠러를 돌려서 앞으로 나아갔다. 양력은 이 앞으로 나아가는 운동을 통해 간접적으로 얻었다.

내연 기관을 이용한 동력 비행은 1903년 라이트 형제로부터 시작되었다. 제트 엔진은 1930년대에 등장했다. 놀랍게도 라이트 형제가 선구적인 업적을 낸 지 겨우 약 40년밖에 지나지 않았을 때 최초의 초음속 비행이 이루어졌다. 그리고 그로부터 겨우 20년 뒤에 우리 종의 일원이 달에 투석기로 돌을 던지듯이 던져졌다가 돌아왔다. 여기서 일부러 '던져졌다'라고 썼다. 로켓은 동쪽으로 쏘며, 지구의 자전 속도를 받아서 궤도로 던져진다. 유럽 우주국은 자전 속도를 잘 이용하기 위해 프랑스령 기아나에 로켓 발사대를 두고 있다. 적도 근처에 있어서 로켓을 궤도로 올릴 때 지구 자전의 힘을 가장 많이 이용할 수 있기 때문이다.

☞ **그런데** 베르누이 원리가 실제로 어떻게 작동하는지 궁금할 독자도 있을 테니, 수학 기호 없이 아주 단순하게 설명해 보자. 먼저 기압이 분자 수준에서 무엇을 의미하는지를 이해할 필요가 있다. 표면이 받는 압력은 조 단위의 분자가 두드려 대는 힘들을 다 더한 것이다. 공기 분자는 서로 또는 표면에 부딪혀서 튀어나올 때 무작위로 방향이 바뀌면서 끊임없이 윙윙 돌아다닌다. 파티 풍선을 불 때, 안쪽 표면은 바깥쪽 표면보다 압력을 더 많이 받는다. 안쪽이 바깥쪽보다 세제곱센티미터당 공기 분자가 더 많이 들어 있기에, 풍선 표면 제곱센티미터당 안쪽이 바깥쪽보다 분자 폭격을 더 많이 받는다. 우리 얼굴에 부딪히는 바람도 분자 폭격이다. 카드를 한 장 들어 보자. 한 면은 빨간색이고 다른 면은 초록색이다. 고요한 날에 카드는 양면에 동일한 속도로 분자들의 폭격을 받는다. 하지만 빨간 면을 바람을 받는 쪽으로 향하면, 바람 분자가 빨간 면을 폭격하는 속도가 더 빨라지며, 바람이 카드를 밀어 대는 압력을 느낄 수 있다. 여기까지는 아주 명백하다. 그런데 여기서 베르누이 원리로 들어가면 조금 까다롭다. 카드를 수평으로 들어서 빨간 면을 하늘로 향하면, 이제 바람은 카드에 수평으로 (양쪽 표면을 다 스치면서) 분다. 공기 분자는 여전히 서로 부딪히고 카드의 양쪽 표면에도 부딪히는 등 무작위로 모든 것에 부딪힌다. 그러나 여전히 대체로 무작위적이긴 하지만, 분자들의 운동은 이제 바람 방향 쪽으로 편향되어 있다. 즉, 양쪽 표면에 부딪히는

분자의 수가 더 적다는 의미다. 대신에 분자들은 카드 주위로 빠르게 지나간다. 이는 양쪽 표면의 압력이 감소한다는 말과 같다. 카드는 위로 들리지도 아래로 밀리지도 않는다. 여기서 마지막으로, 헤어드라이어 두 대를 써서 바람이 초록 표면보다 빨간 표면 위로 더 빠르게 스쳐 지나가도록 해 보자. 그러면 빨간 표면 주위의 압력이 초록 표면 주위의 압력보다 더 감소할 것이고, 카드는 위로 들릴 것이다.

CHAPTER 8

동물의 동력 비행

8장

동물의 동력 비행

농물의 비행은 사람이 만든 기계의 비행보다 더 복잡하며 이해하기 어렵다. 어느 정도는 치는 날개가 동물의 몸을 앞으로 밀어내는(비행기 원리) 동시에 공기를 아래로 밀어내기도(헬기와 더 비슷하게) 하기 때문이다. 새가 나는 영상을 저속으로 틀면서 지켜보면(무슨 일이 일어나는지 알아내려는 희망이라도 품으려면 느리게 봐야 한다), 날개가 단지 위아래로 팔락거리는 것만이 아님을 알아차리게 된다. 날개의 굴곡이 유연하게 휘어지는 깃털과 결합되어서 새를 앞으로 밀며, 이 전방 운동은 7장에서 살펴보았듯이 뉴턴 방식과 베르누이 방식이라는 두 가지 방식으로 양력을 일으킨다. 그와 동시에, 날개의 하향 운동은 자체적으로 양력을 일으킨다. 이 점은 7장의 첫머리에서 헬기를 다룰 때 이야기했다. 날개의 상향 운동이 반대 효과를 일으켜서 양력을 상쇄시키지 않을까 하는 생각이 들 수도 있겠지만, 그렇지 않다. 그 이유는 날개의 굴곡 때문이기도 하고, 위로 올릴 때 날개를 비틀어서 팔꿈치와

손목의 관절을 안쪽으로 당겨서 힘차게 아래로 칠 때에 비해 날
개의 표면적을 줄이기 때문이기도 하다.

　프로펠러나 제트 엔진이 없기에, 새를 비롯한 비행 동물들은
날개를 써서 앞으로 나아가는 한편으로 직접 양력도 일으킨다.
이 점은 인간이 만든 비행기와 다르다. 비행기 날개는 양력을 일
으키지만, 추진을 일으키지는 않는다. 이와 정반대 편에 있는 극
단적인 사례는 펭귄이다. 펭귄의 날개는 오로지 추진력만 일으
키며, 양력을 일으키지는 않는다. 물론 공중이 아니라 물속에서
이긴 하지만. 펭귄은 물보다 더 가벼워서 물에 뜨므로, 날개로 양
력을 일으킬 필요가 없다. 대신에 날개를 써서 수중 '비행'을 한
다. 땅 위에서는 뒤뚱뒤뚱 느리게 걷지만, 물속에서는 돌고래처
럼 아주 빠르게 물을 가르고 나아간다. 돌고래는 날개가 아니라
꼬리를 위아래로 움직여서 물속을 나아간다는 점이 다르긴 하지
만. 돌고래와 펭귄 모두 아름다운 유선형이다. 이미 하늘을 나는
데 알맞은 유선형 몸을 지니고 있었기에, 펭귄의 조상은 물속에
서 나아가는 데 알맞은 유선형 몸을 갖추기가 어렵지 않았을 것
이다.

　퍼핀puffin, 개닛, 큰부리바다오리, 바다오리 같은 새들도 날
개를 써서 물속에서 난다. 그러나 펭귄과 달리, 이들은 공중에서
도 날개를 써서 난다. 공중에서 가장 좋은 날개 모양은 물속에서
가장 좋은 날개 모양과 다르다. 수중 비행에는 작은 날개가 더 낫
다. 퍼핀과 바다오리는 양쪽 요구 조건을 절충한 날개를 지닌 반

면, 펭귄은 하늘을 나는 것을 포기했기에, 오로지 물속에서 쓰는 쪽으로 날개를 완벽하게 다듬을 수 있었다. 퍼핀은 날개가 하늘을 나는 데 이상적인 크기보다 더 작으며, 그래서 에너지를 많이 쓰면서 날개를 아주 빨리 파닥거리며 날아야 한다. 그런 한편으로 헤엄치는 데 이상적인 크기보다는 더 크다. 여기서도 우리는 타협이라는 진화 원리를 본다.

가마우지는 커다란 발을 써서 물속에서 추진력을 일으키며, 날개는 거의 도움을 주지 않는다. 날개는 주로 하늘을 날 때에만 쓴다. 바다오리와 큰부리바다오리의 친척인 멸종한 큰바다쇠오리는 날지 못했고, 펭귄처럼 날개는 헤엄치는 쪽으로 완벽하게 진화했다. 큰바다쇠오리는 '북쪽의 펭귄'이라고도 불린다. 실제로 학명도 핑구이누스*Pinguinus*로 비슷하지만, 펭귄과 가까운 친척은 아니다. 날개는 날지 못할 만큼 아주 작았다. 그리고 모습도 펭귄과 비슷했다. 마치 큰바다쇠오리의 조상인 북방큰부리바다오리가 이렇게 말하는 듯하다. "저런, 공기와 물 양쪽에서 날려고 애쓰다니. 절충하는 데 아주 비용이 많이 들 거야. 공기는 잊고 물에만 집중해. 그러면 정말로 잘할 수 있어."

안타깝게도 독자와 나는 큰바다쇠오리를 보는 특권을 간발의 차이로 놓쳤다. 그들은 멸종했으며 으레 그렇듯이 인간의 손에, 그것도 19세기 말에 사라졌다. 아마 우리 손주들은 큰바다쇠오리를 볼 수 있을지도 모른다. 코펜하겐의 한 박물관에 있는 표본으로부터 유전체를 채취하여 이미 서열 분석을 끝냈기 때문이다.

북쪽의 펭귄

안타깝게도 큰바다쇠오리는 19세기에 멸종했다.

꼬리박각시

이 나방은 모습과 날개 치는 소리가 꼭 벌새 같다. 꼬리박각시는 벌새와 같은
습성을 지니며, 그래서 같은 방향으로 수렴 진화했다.

현재 내 동료는 새로운 유전자 편집 기술을 써서 큰부리바다오리
의 유전체를 편집하여, 그 세포를 거위 부부의 생식샘에 집어넣
은 뒤 큰바다쇠오리를 부화시킬 가능성을 논의하고 있다.

이제 공중을 비행하는 문제로 돌아가자. 날개로 추진력을 일
으키는 것은 공중에서 일종의 노를 젓는 식으로 이루어진다. 벌
새는 빠르게 붕붕거리면서 날개를 젓는 스컬링 운동을 극단적인

수준까지 밀고 나간다. 벌새는 날개를 위로 칠 때 거의 완전히 뒤집는다. 그래서 날개를 올려칠 때도 거의 내리칠 때만큼 효과적으로 작동한다. 덕분에 벌새는 헬기처럼 정지 비행을 하고, 앞뒤 혹은 좌우로도 날며, 심지어 뒤집힌 채로도 날 수 있다. 정지 비행은 조류에게 중요한 진화적 발견이었다. 그전까지 꽃꿀은 곤충이 독점했다. 꽃에 내려앉을 수 있었기 때문이다. 새는 너무 무거워서 불가능했기에, 정지 비행을 발명하기 전까지는 꿀에 입을 댈 수 없었다. 태양새는 신대륙의 벌새에 해당하는 구대륙의 새로 그들 중 일부만이 정지 비행을 할 수 있다. 일부 꽃은 태양새가 내려앉도록 고안된 듯한 특수한 돌기를 지니고 있다. 곤충 중에는 꽃등에가 정지 비행 챔피언이다. 꼬리박각시hummingbird hawk-moth에 속한 많은 나방 종도 정지 비행을 하면서 아주 긴 혀로 꽃에서 꿀을 빨아 먹는 전문가다. 영어 이름은 벌새와 닮아서 붙여진 것이다. 수렴 진화의 멋진 사례다. 잠자리도 정지 비행의 대가다. 정지 비행이 너무나 기적 같아서인지, 피진 영어에서는 잠자리를 '예수의 헬기'라고 부르기도 한다.

새의 비행을 설령 느린 영상을 통해 지켜본다고 해도, 위로 밀어 올리는 '헬기' 성분과 앞으로 미는 '비행기' 성분을 분리하기란 쉽지 않다. 새는 양쪽의 비중을 시시각각 바꾼다. 이륙할 때에는 '헬기' 성분에 중점을 두고(뛰어오르기의 도움을 받아서), 수평 비행을 할 때는 '비행기' 성분에 중점을 둔다. 그리고 조류는 종에 따라서 어느 한쪽 성분에 치중하는 쪽으로 분화해 있다. '헬기' 성분에 중점을 두는 쪽으로 분화한 새가 벌새만은 아니다. 아프리카와 아시아의 물총새류는 지속적으로 진정한 정지 비행을 할 수 있는 가장 큰 새다. 다른 물총새들이 나뭇가지에 앉아서 물고기가 있는지 훑는 반면, 아프리카뿔호반새는 거대한 벌새처럼 정지 비행을 하면서 그렇게 한다. 비록 커다란 날개가 붕붕거리는 소리를 내지는 않지만 말이다.

황조롱이는 먹이를 찾을 때 다른 방식으로 정지 비행을 한다. 이런 방식은 정지 비행이라고 불러서는 안 된다는 순수파도 있다. 황조롱이는 바람을 타고 나는데, 풍속과 동일한 속도로 반대 방향으로 난다. 따라서 지상 속도는 0이지만, 대기 속도(부는 바람에 대한 상대적인 속도)는 양력을 일으킬 만치 빠르다. 반면에 뿔호반새와 벌새는 헬기처럼 정지 비행을 하는 데 바람이 필요하지 않다.

새는 날개를 내리칠 때와 올려칠 때 서로 다른 근육을 쓴다. 커다란 가슴 근육(큰가슴근)은 내리치는 힘을 낸다. 이 근육은 체중의 15~20퍼센트까지도 차지할 수 있다. 그리고 가브리엘과 페가수스를 놓고 이런저런 추측을 할 때 이미 살펴보았듯이, 이 근육이 붙을 커다란 가슴뼈, 즉 용골 돌기가 필요하다. 올려치기 근육은 날개 위쪽에 있어야 할 것이라고 생각할지도 모르겠다. 실제로 박쥐는 그렇다. 그러나 새는 그렇지 않다. 올려치기 근육인 부리윗근은 날개 아래에 있으며, '밧줄(힘줄)'과 '도르래'를 써서 날개를 어깨 위로 잡아당긴다. 또 날개의 각도를 비트는 근육도 있고, 손목과 팔꿈치 관절을 구부려서 날개 모양을 변형시키는 근육도 있다.

6장에서 활공을 이야기할 때 앨버트로스도 살펴볼 수 있었다. 그들은 주로 수면 근처에서 날아올랐다가 활공하곤 하기 때문이다. 그러나 앨버트로스가 어떤 원리를 이용하는지는 설명하지 않았기에, 여기서 살펴보는 것도 좋을 듯하다. 앨버트로스는 에너지 절약 비행의 대가다. 한 생애 동안 앨버트로스는 남반구를 계속 빙빙 돌면서 160만 킬로미터 이상을 날기도 한다. 이들은 온난 상승 기류를 타는 대신에, 수면 위로 부는 자연풍을 이용하여 양력을 얻는다. 이들은 낮게 활공하며, 육지에 내리는 일 없이 수백 킬로미터를 거의 날개를 치는 일도 없고 에너지를 거의 쓰지 않으면서 날곤 한다. 가장 큰 종은 남극해의 나그네앨버트로스이며, 탁월풍을 이용하여 언제나 한 방향으로 계속 남반구를 빙빙 돌면서 난다. 앨버트로스는 그냥 수동적으로 바람을 타기만 할 수는 없다. 그러면 양력이 전혀 생기지 않을 것이기 때문이다. 다시 활공을 하려면 어느 정도 높이까지 올라가야 하는데, 이때 온난 상승 기류에 해당하는 것이 필요하다. 그래서 앨버트로스는 바람이 부는 대로 바람을 타고 활공하다가, 빙 돌면서 맞바람을 받는 행동을 번갈아 한다. 수면 근처의 비교적 느린 바람 속으로 들어가서 바람을 맞받으면, 뉴턴 방식과 베르누이 방식으로 양력을 얻는 비행기와 비슷해진다. 그럼으로써 어느 정도 높이까지 올라가면 다시 빙 돌아서 더 높은 곳에서 부는 더 빠른 바람을 타고서 활공한다.

회전 주기의 이 단계에서는 온난 상승 기류에서 빠져나온 독수리나 나무 꼭대기에서 비막을 펼치고 활공하는 콜루고처럼 고도가 점점 떨어진다. 이윽고 바람이 더 느린 수면 가까이까지 낮아지면, 앨버트로스는 빙 돌아서 다시 맞바람을 받아서 상승한다.

앨버트로스는 이 주기를 한없이 되풀이한다. 또 물결이 일으키는 소용돌이와 상승 기류를 이용하기 위해서 비행 표면을 솜씨 좋게 조정한다. 이런 물결이 일으키는 상승 기류는 온난 상승 기류보다 덜 지속적이고 더 불규칙하다. 그것을 이용하려면 비행 표면을 시시각각 민감하게 조정해야 하며, 그런 일은 복잡한 '전자 장치', 즉 고도의 신경계를 통해서만 할 수 있다.

앨버트로스처럼 활공 전문가이지만 몸집이 아주 큰 동물은 이륙이 꽤 문제가 된다. 앨버트로스는 날개를 칠 수 있지만, 대개 날개를 치는 비행은 커다란 새에게는 에너지가 많이 들 뿐 아니라 아주 힘겹다. 육지에서 이륙할 때 그들은 비행기가 이륙하는 것과 비슷하게 한다. 양력으로 날개가 들어 올려질 만큼 충분

옥스퍼드 운하의 백조들

커다란 새는 이륙하기가 힘들다. 그래도 이륙한다.

한 대기 속도에 이를 때까지, '활주로'를 빠르게 달려서 바람에 올라탄다. 실제로 앨버트로스의 번식지에는 비행기의 활주로 비슷한 것이 뚜렷이 나 있다. 나는 갈라파고스와 뉴질랜드에서 이런 활주로를 보았다. 비행기와 달리, 앨버트로스는 양력을 더 얻기 위해서 날개를 친다. 그들은 먼 바다의 물결 위에서 엄청난 거리를 활공할 수 있지만, 때로 물고기를 잡거나 쉬기 위해서 물 위에 내린다. 그러면 이륙이라는 문제에 처한다. 그들은 수면 위를 빠르게 달리면서 최대한 힘차게 날개를 친다. 예전 선덜랜드 비행정이 수면에서 이륙할 때 격렬하게 달려야 했던 것과 비슷하다(이 항공기는 비행 날개에 유용한 장치가 달려 있긴 했다). 백조도 몸집이 커서 물에서 이륙할 때 힘들게 애써야 한다는 동일한 문제를 안고 있다. 내 창문 바로 앞에는 옥스퍼드 운하가 있는데, 나는 요란한 소리를 내면서 리듬 있게 날개를 파닥거리는 소리가 들리면 재빨리 창밖을 내다본다. 그러면 수면 위에서 백조들이 아주 힘겹게 천천히 떠오르는 광경을 지켜볼 수 있다.

☞ 새가 수면 위를 달릴 수 있다니, 놀랍게 여겨질 수도 있다. 하지만 수면 달리기는 드물지 않다. 앞서 살펴보았듯이, 새의 날개는 뼈만이 아니라 깃털을 써서 빳빳하다. 그래서 박쥐나 익룡의 날개와 달리 뒷다리의 움직임을 방해하지 않는다. 새는 얼마든지 다리로 달릴 수 있다. 많은 새

는 힘센 다리로 아주 빨리 달린다. 타조는 시속 72킬로미터까지 속도를 낸다. 일부 새는 다리의 힘이 아주 세서 수면 위를 달릴 수 있다. 도마뱀은 새의 먼 친척인데, 금방 와닿는 이름을 지닌 남아메리카와 중앙아메리카의 예수도마뱀 같은 일부 바실리스크도마뱀은 힘센 뒷다리로 땅 위에서 달릴 때와 거의 비슷한 속도인 시속 24킬로미터로 물 위를 달려간다. 북아메리카의 서부논병아리는 멋지면서 조금 우스꽝스러운 구애 춤을 추는데, 이때 암수는 보조를 맞추어서 물 위를 달린다. 아주 빨리 달리기에 발과 꼬리만 수면에 닿는다. 앨버트로스도 더 힘이 들긴 하지만 비슷한 능력으로 수면 위를 달리면서 이륙한다. 앨버트로스의 물갈퀴가 달린 커다란 발도 도움을 준다. 논병아리의 발에는 물갈퀴라고 할 만한 것이 없지만, 발가락에 나뭇잎처럼 넓적한 판이 달려 있어서 거의 동일한 효과를 낸다.

곤충은 척추동물보다 거의 2억 년 앞서 공중을 정복한 대가였다. 긴 세월이 지난 뒤에야 비로소 익룡이 비행에 합류했다. 나는 척추동물이 비행하기까지 왜 그렇게 오래 걸렸는지 궁금하다. 어떤 생태적 지위(생활 방식이나 일자리)가 비어 있다면 어떤 동물이든 재빨리 그 빈자리를 차지하는 쪽으로 진화할 것이라는 생각에 익숙해져 있어서다. 포식자를 피해 달아나고, 공중에서 먹이를 찾고, 장거리 이주를 하고, 공중에서 날고 있는 곤충을 낚아채는 등 2장에서 말한 온갖 일들을 할 수 있는 공중의 많은 빈 생태적 지위들을 척추동물들이 왜 훨씬 더 일찍 채우지 않았는지 그 이유를 잘 모르겠다. 4장에서 말한 내용에 비추어 볼 때, 곤충은 몸집이 작은 덕분에 너무나 일찍 공중으로 올라갈 수 있었던 게 아닐까 생각해 본다.

우리가 쓰는 석탄의 대부분이 쌓인 약 3억 년 전 석탄기에는 날개 폭이 70센티미터에 달하는 거대한 잠자리가 커다란 고사리와 석송 사이를 훨훨 날아다녔다. 그런 큰 동물에게는 '훨훨 날다'라는 표현이 딱 맞는다.

마이클 크라이튼의 과학 소설 『쥐라기 공원Jurassic Park』에서 한 가지 재미있는 사소한 오류를 찾아낸 독자도 있을 듯하다. 소설 속의 모험가들은 날개 폭이 1미터인 잠자리와 마주친다. 저자는 자신이 끌고 나가는 이야기에 너무 몰입한 나머지, 그 소설의 토대가 된 탁월한 기본 개념을 깜박한 모양이다. 과학자들이 호박에 갇힌 모기의 몸 속에 든 동물 피의 DNA로부터 생물들을 복제하여 쥐라기 공원을 만들었다는 개념 말이다. 모기는 잠자리의 피를 빨지 않는다. 게다가 호박에 갇힌 곤충 중 가장 오래된 것도 석탄기의 거대한 잠자리보다 1억 년 뒤에 살았다.

몇몇 방면에서 나온 증거들을 토대로, 석탄기 잠자리의 거대화가 아마도 당시 대기 산소 농도가 지금보다 높았기 때문에 가능했을 것이라는 주장이 나와 있다. 최대 35퍼센트에 달했다고 추정하는 이들도 있다. 지금은 21퍼센트다. 전담 기관인 허파가 아니라 몸 전체로 공기를 보내는 곤충의 기관 체계는 몸집이 비교적 작을 때에만 효율적이다. 그런데 산소가 더 풍부한 대기는 그런 몸집의 한계를 더 밀어 올렸던 것 같다. 산소 농도가 더 높았기에, 숲에는 불이 더 자주 났을 것이다(번갯불에 발화하여). 아마 거대한 잠자리는 큰 날개를 써서 잦은 불을 피해 달아났을 것이다. 같은 시대에 살던 길이가 2.5미터인 거대한 노래기나 길이가 70센티미터인 거대한 전갈 풀모노스코르피우스*Pulmonoscorpius*처럼 기어 다니던 동료들보다는 훨씬 운이 좋았을 듯하다. 아무튼 내가 볼 때는 악몽에나 나올 법한 동물들이기는 매한가지지만. 에리옵스*Eryops*는 거대한 도롱뇽이라고 부르면 비교적 무해하게 들릴지 모르지만, 길이가 3미터에 달하는 게걸스러운 포식자로, 석탄기판 악어였다.

곤충은 뼈가 없다. 바닷가재 같은 더 큰 친척을 보면 곤충의 뼈대가 어떤 것인지 더 감을 잘 잡을 수 있다. 곤충은 뼈 대신에 관절로 연결된 긴 길이 원통으로 감싸여 있는 형태다. 축축하고 부드러운 몸을 감싸고 있는 이 원통들을 겉뼈대라고 한다. 곤충의 날개는 새의 날개처럼 팔이 변형된 것이 아니라, 겉뼈대가 종잇장처럼 얇게 자라나 가슴벽에 붙은 것이다. 날개를 들어 올리는 근육은 몸의 벽 안쪽에 있는 날개의 뿌리 쪽을 아래로 당긴다. 그러면 지렛대처럼 날개가 위로 올라간다. 잠자리 같은 몇몇 커다란 곤충은 독자가 기대한 대로 날개의 더 바깥쪽을 근육으로 잡아당겨서 날개를 밑으로 내린다. 그러나 더 모호한 방식으로

물장군
진동하는 날개 근육을
지닌 가장 큰 곤충. 커다란
턱에 손을 갖다 대지
않도록!

날개를 아래로 내리는 곤충이 훨씬 많다. 가슴을 따라 뻗어 있는 근육을 수축하면, 가슴의 지붕 쪽이 위로 굽는다. 그러면 가슴에 연결되어 있는 날개가 아래로 내려오는 간접 효과가 나타난다.

곤충은 놀라울 만치 빠르게 날개를 칠 수 있다. 몇몇 깔따구는 진동수가 1초에 1,046번에 달한다. 중간 도 음보다 두 옥타브 더 높다. 모기가 우리를 물려고 할 때 들리는 짜증나는 소음이 바로 그 진동수다. 시인인 D. H. 로렌스는 그 소리를 "지겨운 작은 나

팔"이라고 했다. 상상할 수 있겠지만, 신경이 날개 근육에 1초에 1천 번씩 '위–아래–위–아래–위–아래' 하는 식으로 번갈아 움직이라는 명령을 전달해서는 그런 진동수에 다다르기가 어려울 것이다. 실제로 그렇게 하지 않는다. 대신에 이런 곤충은 자발적으로 떨어 대는 진동 근육을 지닌다. 일종의 고속 진동기다. 깔따구나 모기나 말벌의 비행 근육은 켜짐과 꺼짐 스위치가 달린 아주 작은 왕복 엔진이다. '위–아래–위–아래' 번갈아 명령을 받는 대신에, 중추 신경계는 그저 '날아라'라고 말한다(즉, 진동 엔진의 스위치를 켠다). 그리고 얼마 뒤 '멈춰'라고 말할 것이다(엔진 스위치를 끈다). 흡입 밸브도 가속기도 없다. 스위치가 켜져 있는 내내 이 근육 엔진은 일정한 진동수로 떨어 댄다. 이 진동수는 날개의 '공명 진동수'에 따라 정해진다. 마치 날개가 일종의 진자 같다. 추시계의 진자처럼 각 곤충의 진자도 정해진 진동수로 흔들린다. 다만 훨씬 더 빠르게 흔들릴 뿐이다. 진자와 비교했으니 예상했겠지만, 날갯짓 진동수는 날개의 일부가 잘려 나가서 더 짧아지면 대폭 증가한다. 모기가 우리 귓가에서 맴돌 때나 뒤영벌이 꽃밭에서 붕붕거릴 때, 마치 날갯짓 소리를 바꾸는 양 들리곤 한다. 그러나 그런 소리 변화는 대개 곤충이 방향을 바꾸기 때문에 일어난다. 이른바 관성 효과라는 것이 '진자'의 행동을 바꾸기 때문이다. 훨씬 느린 규모에서 보자면, 해리슨의 해양 크로노미터가 대단히 중요한 혁신이었던 이유도 바로 그 때문이다. 추시계는 흔들리는 배에서는 부정확하다.

잠자리와 메뚜기 같은 몇몇 큰 곤충은 전혀 그렇지 않다. 새처럼 그들도 중추 신경계에서 매번 올려치기와 내려치기 명령을 따로따로 내린다. 진동하는 엔진 형태의 근육을 쓰는 것은 대부분 작은 곤충이다. 그러나 전부는 아니다. 아마 그런 근육을 쓰는 곤충 중 가장 큰 것은 물장군great water bug일 것이다(그런데 영어 단어 'bug'는 모든 곤충, 더 나아가 세균과 바이러스에도 쓰이고 있지만 사실 엄격한 동물학적인 의미에서는 먹이를 빨아 먹는 곤충, 즉 노린재목의 곤충만을 가리킨다). 물장군류는 독이 있지 않지만 물리면 아주 아플 수 있는 커다란 턱을 지닌 가공할 곤충으로서, 열대에 많이 산다. 주로 물에 살지만 날 수 있으며, 진동하는 비행 근육을 써서 난다. 진동 근육을 연구하는 옥스퍼드의 동료 교수인 '웃는 존' 프링글'Laughing John' Pringle(웃음이라는 것을 거의 짓지 않기 때문에 그런 별명이 붙었다)은 물장군의 몸집이 크기에 연구 대상으로 삼았다. 깔따구의 근섬유를 연구하려고 하다가는 자신이 도무지 뭘 보고 있는지 알기 어려울 테니까.

유일하게 진정으로 비행하는 포유류인 박쥐는 새와 비슷한 방식으로 날개를 친다. 그러나 도움이 되는 굴곡을 제공할 깃털이 날개에 없기에, 박쥐는 다른 묘책을 써서 가죽질 소맷자락을 움직이는 듯하다. 날갯짓을 제어하고 손가락 사이를 넓히고 좁히는 주된 근육 외에, 박쥐의 날개 피부 안에는 가느다란 실 같은 근육들이 줄줄이 뻗어 있다. 나는 이런 빗비막근plagiopatagiales(이 영어 단어를 어떻게 발음하는지도 모르겠다)이 모든 포유동물의 피부에 있는 털을 세우는 근육에서 진화했는지 여부는 알지 못한다(털 세움근은 우리가 추울 때 닭살을 돋게 만든다. 우리 몸이 따뜻해지도록 털로 뒤덮여 있던 시절을 떠올리게 하는 흥미로운 유산이다). 어디에서 기원했던 간에, 이 근육은 박쥐 비행 표면의 다양한 부위들 사이의 긴장을 조정하는 데 쓰이는 듯이 보인다. 또 아마 새의 날개와는 다른 방식으로 굴곡을 일으키는 역할도 하는 듯하다. 피부 내 근육의 이런 미세 조정을 더 큰 규모에서 이루어지는 손가락 운동의 조절과 결합해서 박쥐는 비행 표면을 민감하게 제어한다. 박쥐처럼 빠르게 나는 사냥꾼에게는 이렇게 정교한 제어 능력이 매우 중요할 것이다. 사실 첨단 레이더 장비(실제로는 음파 탐지기)도 갖추고 있기에, 박쥐는 탁월한 공격 능력을 지닌 전투기를 떠올리게 한다. 즉, 작은 박쥐류가 그렇다는 것이다. 날여우박쥐를 비롯한 커다란 과일박쥐류는 빠른 기동성을 지닐 필요가 없다. 곤충을 사냥하는 작은 박쥐류처럼 움직이는 표적을 뒤쫓는 것이 아니기 때문이다. 과일은 달아나지 않는다.

☞ 작은 박쥐류와 달리 과일박쥐류, 즉 큰 박쥐류는 눈이 크다. 그리고 음파 탐지기도 없다. 이는 음파 탐지가 수렴 진화를 통해 나온 것임을 시사한다. 겉모습을 보면, 과일박쥐는 익룡을 떠올리게 한다. 물론 박쥐는 포유류지만. 익룡도 음파 탐지기가 있었을까? 일부 익룡은 눈이 컸다. 이는 그들이 밤에 날았음을 시사하지만 아마 시각에 의지했을 것이다. 말이 나온 김에

덧붙이자면, 나는 돌고래처럼 생긴 멸종한 파충류인 어룡이 음파 탐지기를 지녔을지 여부도 궁금하다. 돌고래는 아주 정교한 음파 탐지기를 지니며, 그 탐지기는 박쥐의 것과 별개로 독자적으로 진화한 것이다. 돌고래와 달리 어룡은 눈이 아주 컸기에, 아마 음파 탐지기를 지니지 않았을 것이다.

항공기는 안정성과 기동성 사이의 트레이드오프에 대처해야 한다. 위대한 진화학자이자 유전학자인 존 메이너드 스미스John Maynard Smith는 제2차 세계 대전 때 항공기 설계사로 일하다가 전후에 대학으로 돌아와서 ('항공기가 시끄럽고 구식이라고 판단했기에') 생물학자가 되었다. 그는 인간이 만든 항공기와 마찬가지로, 새 같은 살아 있는 비행자에게도 트레이드오프가 중요하다고 지적했다. 아주 안정적인 항공기는 알아서 잘 날거나, 적어도 경험이 적은 조종사도 몰 수 있다. 그러나 이 안정성은 기동성과 트레이드오프를 해야 한다. 안정적인 비행기는 전투기로는 적합하지 않다. 전투기는 공중에서 빠르게 회전하고 이리저리 휙휙 비키는 등 민첩하게 움직여야 한다. 기동성이 뛰어난 항공기는 불안정하다. 그러니 여기에서도 트레이드오프가 필요하다. 그런 비행기는 빠른 반사 능력을 갖춘 노련한 조종사만이 몰 수 있을 테니까. 그리고 오늘날 노련한 조종사도 첨단 항공기에 탑재된 컴퓨터가 없이는 무력할 것이다. 조종사가 아무리 노련하다고 해도 전자 유도 시스템에는 따라가지 못하는 시대가 올 수도 있다.

각다귀와 '자이로스코프'

나는 곤충은 대부분 날개가 네 개지만, 파리류는 두 개뿐이다(그래서 쌍시류라고
한다). 사라진 한 쌍은 작은 막대기 끝에 곤봉이 달린 모양의 평균곤이라는
감각 기관으로 진화했다. 작은 자이로스코프 역할을 한다.

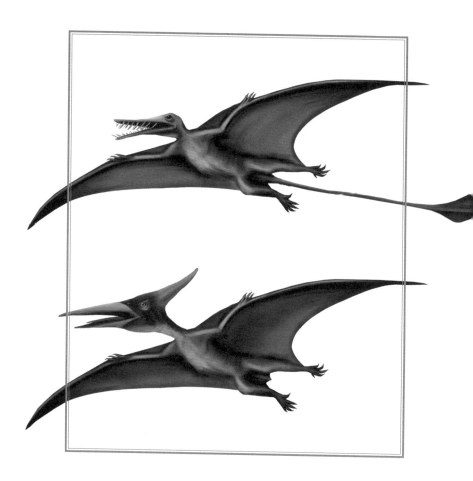

1억 년 사이를 두고 살았던 두 익룡

람포린쿠스(위)는 긴 꼬리를 지니고 있었고, 아마 안정적으로 날았겠지만 기동성은 떨어졌을 것이다. 더 후기의 익룡인 프테라노돈(아래)은 꼬리가 거의 없었고, 아마 불안정하게 나는 대신에 기동성이 뛰어났을 것이다.

탑재된 컴퓨터도 노련한 조종사도 감각 기관에 상응하며 감각 기관을 보조할 장치들이 필요하다. 동물계에서 파리류, 특히 꽃등에는 현란한 기동성을 발휘하며, 그들은 탁월한 장치를 갖추고 있다. 다른 곤충들과 달리 모든 파리류(깔따구와 모기에서 커다란 각다귀에 이르기까지)는 날개가 한 쌍이다. 그래서 쌍시류라고도 한다. 두 번째 날개 쌍은 진화 시간 동안 쪼그라들어서 평균곤이 되었다. 평균곤은 작은 막대기 끝에 곤봉이 달린 모양이며, 남은 날개 뒤쪽에 붙어 있다. 평균곤은 비행 장치다. 작은 날개처럼 윙윙거리지만, 모양도 그렇고 크기도 아주 작아서 나는 데에는 전혀 쓸모가 없다. 대신에 평균곤은 방향을 틀고 안정을 유지하는 데 도움을 주는 일종의 자이로스코프 역할을 한다. 평균곤을 제거하면, 파리는 날 수 없다. 너무 불안정해지기 때문이다. 하지만 송어 낚시꾼이 미끼를 묶는 데 쓰는 것과 같은 작은 깃털로 된 꼬리를 붙이면 다시 안정적으로 날 수 있다.

존 메이너드 스미스는 쥐라기의 람포린쿠스*Rhamphorhynchus* 같은 초기 익룡이 일종의 노 역할을 하는 아주 긴 꼬리를 지녔다는 점을 지적했다. 덕분에 그들은 안정적으로 비행했을 테지만 기동성은 떨어졌을 것이다. 1억 년 뒤인 백악기 말의 프테라노돈*Pteranodon*과 비교해 보라. 프테라노돈은 꼬리가 거의 없다시피 했다. 메이너드 스미스는 프테라노돈이 기동성은 뛰어났지만 불안정하게 날았을 것이라고 본다. 아마 안정시켜 줄 꼬리가 없다는 점을 보완하기 위해서 '전자 장치'에 의존했을 것이다. 즉, 뇌를 통해 비행 표면을 섬세하게 제어했을 것으로 보인다. 프테라노돈도 현생 박쥐처럼 날개 막에 근육이 있었을까? 있었다면 더 많이 필요했을 것이다. 익룡의 날개에는 손가락이 한 개만 들어 있기에, (마찬가지로 꼬리가 없는) 박쥐와 달리 손가락으로 섬세하게 조정을 할 수 없었을 테니까. 그리고 프테라노돈은 그에 필요한 '전자적' 제어를 하기 위해서 람포린쿠스보다 더 정교한 뇌를 지니지 않았을까? 머리뼈에서 뒤쪽으로 튀어나온 거대한 돌기를 어떻게 사용하여 앞으로 튀어나온 턱과 균형을 잡았을까? 아마 그 돌기는 머리 전체가 어느 방향을 바라볼 때 자동적으로 그쪽으로 방향을 틀게 하는 전방 방향키 역할을 하지 않았을까?

현생 조류 중에서는 람포린쿠스처럼 뼈로 된 긴 꼬리를 지닌 새가 없다. 우리가 흔히 새의 꼬리라고 부르는 것은 뼈가 없는 깃털로 되어 있는 꽁지깃이며, 진짜 꼬리는 튀긴 닭의 꽁무니에 짤막하게 튀어나온 부위다. 미좌골, 영어로는 '목사의 코parson's nose'라고 불린다. 그러나 아마 모든 조류의 조상과 가까웠을 쥐라기의 유명한 화석인 시조새는 람포린쿠스를 포함한 대다수 파충류처럼 뼈로 된 긴 꼬리가 있었다. 메이너드 스미스의 말을 따른다면, 아마 항공 역학적으로 안정적이었겠지만 기동성은 없었을 것이다.

새에게 기동성이 필요한 이유 중 하나는 새들이 종종 빽빽하게 떼 지어 날곤 하기 때문이다. 서로 충돌하지 않으려면 재빨리 움직일 필요가 있다. 새들이 떼 지어 나는 이유는 다양하다. 아마 가장 중요한 이유는 수적 안전성 때문일 것이다. 포식자인 새는 대개 한 번에 먹이를 한 마리만 잡으며, 포식자들은 대체로 자기 영토를 지니고 있어서 서로 멀찌감치 떨어져 있다. 그러니 더 많이 모여 다닐수록, 그 지역의 매나 수리에게 잡힐 확률이 낮아진다. '수적 안전성' 효과는 무리의 가장자리가 아니라 한가운데로 들어갈 수 있다면 더욱 좋다. 이 이점은 물고기 떼와 포유동물 떼에도 적용된다. 그런 집단은 수십만 마리에 이를 만치 아주 클 수도 있으며, 그렇게 몰려다니면 서로 충돌할 확률이 분명히 높아진다.

겨울에 찌르레기는 수십만 마리씩 무리를 짓곤 하며, 서로 조화롭게 날면서 장관을 펼치곤 한다. 거대한 무리가 마치 한 마리인 양 조화를 이루어서 선회하고 올라가고 내리꽂고 방향을 돌린다. 무리의 가장자리를 뚜렷이 알아볼 수 있다는 사실도 이런 착시 현상을 강화한다. 무리의 움직임을 제대로 따라가지 못하거나 떨어져 나가는 낙오자가 한 마리도 없는 듯하다. 이들은 공중에서 놀라운 군무를 펼치다가, 삽삭스럽게 마치 요란한 쪽우가 쏟아지는 양 우수수 내려와서 잠잘 준비를 한다.

지켜보는 이들은 지도자, 노련한 안무가가 따로 있지 않을까 상상하곤 하지만, 그런 개체는 없다. 각 개체는 동일하고 단순한 규칙 집합을 따를 뿐이다. 가장 가까이 있는 개체들을 계속 주시하라는 것이다. 그 결과 조화로운 움직임이 출현한다. 이 움직임은 컴퓨터 시뮬레이션으로 모사할 수 있는데, 컴퓨터 모델링이 현실을 이해하는 데 어떻게 기여할 수 있는지를 보여 주는 흥미로운 사례다. 크레이그 레이놀즈Craig Reynolds의 선구적인 보이드Boid 모형을 시작으로, 이런 시뮬레이션을 만드는 컴퓨터 프로그래머들은 다음의 중요한 원칙을 채택해 왔다. 먼저 한 새의 모형을 프로그래밍한 뒤, 그 새가 이웃한 새들에게 어떻게 반응할지를 정하는 단순한 규칙을 부여한다. 이를테면 특정한 각도를 유지하라는 식이다. 그런 뒤 이 새를 수백 마리로 복사한다. 마지막으로 이 수백 마리를 모두 컴퓨터에 풀어놓았을 때 어떤 일이 일어나는지를 본다. 이 모형 새들은 현실의 새들과 정확히 똑같이, 가장 현실적인 방식으로 '무리를 짓는다'. 여기서 레이놀즈와 그 후계자들이 '무리를 짓도록 프로그램을 짠' 것이 아니라는 점을 이해하는 것이 중요하다. 그들은 새 한 마리의 프로그램을 짰다. 모사한 새 한 마리를 많이 복사하여 풀어놓자, 무리 짓기는 저절로 출현했다. 이 '창발emergence' 원리는 생물학 전반에 대단히 중요하다. 복잡한 기관과 행동은 많은 작은 구성 요소 하나하나가 단순한 규칙을 따를 때 출현한다. 즉, 복잡성은 부여하는 것이 아니라 알아서 출현한다. 이 주제는 흥미롭지만, 제대로 다룬다면 그 자체가 책 한 권이 될 것이다.

무리 짓기가 새에게 좋은 이유로 돌아가 보자. 아마 포식자를 헷갈리게 하는 것이 주된 이유겠지만, 또 한 가지 조금 더 미묘한 혜택도 있다. 이 혜택은 찌르레기 떼에게만이 아니라 여행하는 많은 새들이 보이는 친숙한 V 자 대형에도 적용된다. 이런 대

'무수한 날개로서'

찌르레기 떼는 세상의 경이 중 하나나.

V 자 대형을 이룬 두루미

맨 앞의 한 마리를 빼고, 나머지 새들은 앞의 새가 일으키는
후류의 혜택을 본다.

형을 이루는 각 새는 앞에 있는 새가 일으키는 후류를 이용할 수 있는 위치에 선다. 가장 좋은 위치는 대각선이다. 그래서 기러기, 황새 등 많은 새들은 V 자 대형을 이루어 난다. 물론 맨 앞에서 나는 새는 혜택을 보지 못한다. 그래서 따오기는 힘든 맨 앞쪽에 교대로 선다는 것이 알려져 있다. 자전거 경주를 하는 선수들도 같은 방법을 쓴다. 군용기들도 같은 방법으로 연료를 절약한다. 에어버스 항공기 제작사는 대형 여객기들이 편대 비행을 통해서 연료를 절약할 수 있을지 연구하고 있다.

무리 짓기의 또 한 가지 혜택은 먹이를 찾아내는 눈이 더 많아진다는 것이다. 개체의 시력이 아무리 좋다고 해도, 무리는 눈이 훨씬 많으며 그중 누군가는 자신이 못 본 좋은 먹이가 있는 곳을 발견할 수도 있다. 박새들은 누가 먹이를 먹는지 서로 지켜보며, 누군가가 어딘가에서 먹이를 찾아낸 것을 보면 따라서 비슷한 곳을 뒤지기까지 한다는 것이 실험을 통해 드러났다.

양력을 일는 문제의 다음 해결책은 무엇일까? 공기보다 가벼워지는 것이다.

CHAPTER 9

공기보다
가벼워지기

몽골피에 열기구

하늘의 예술 작품

9장

공기보다 가벼워지기

비행기, 헬기, 글라이더, 벌, 나비, 제비, 독수리, 박쥐, 익룡은 모두 이른바 공기보다 무거운 비행 기계다. 열기구와 비행선은 공기보다 가벼운 비행 기계다. 이름에서 알 수 있듯이, 이런 비행 기계는 공기보다 가벼운 수소나 헬륨 같은 기체를 이용하거나, 주변의 차가운 공기보다 가벼운, 뜨거운 공기를 이용해서 뜬다. 더 정확히 말하자면, 아르키메데스의 원리에 따라 주위에서 하강히는 더 무거운 공기에 의해 비행 기계가 밀려 올라가기 때문에 떠 있는 것이다. 내가 알기로 공기보다 가벼운 비행 기계는 인간의 발명품뿐이다. 내가 아는 한 진정한 동물 열기구는 없다.

인류 기술의 역사를 보면, 공기보다 가벼운 비행 기구가 공기보다 무거운 비행 기구보다 훨씬 더 이전에 등장했다. 인류의 첫 비행은 1783년 파리에서 이루어졌다. 몽골피에 형제가 만든 열기구를 타고서였다. 조제프 미셸 몽골피에Joseph Michel Montgolfier는 불 위에서 빨래를 말리던 중 신기한 일을 목격했다. 뜨거운 공기가 옷을 천장으로 밀어 올리고 있었다. 여기에서 영감을 얻어 조제프 미셸은 사업가 기질이 있는 형제인 자크 에티엔Jacques Étienne에게 열기구를 만들자고 제안했다. 그들은 동물을 태워 가며 점점 더 큰 열기구를 만들다 이윽고 사람이 타도 괜찮다는 확신을 얻었다. 당시는 귀족 사회였으므로, 열기구 비행에 처음으로 도전한 이들도 귀족인 마르키스 다를랑드Marquis d'Arlandes와 필라트르 드 로지에Pilâtre de Rozier였다. 드 로지에는 과학자였는데, 한 뉴스 기사에 따르면 열기구에 불이 붙자 재빨리 외투로 덮어서 불을 껐을 만치 임기응변에 뛰어났다.

그로부터 겨우 며칠 뒤, 사람이 탄 최초의 수소 기구 비행도 이루어졌다. 마찬가지로 파리에서였고 자크 샤를Jacques Charles 교수가 탔다. 기체의 팽창을 설명하는 샤를의 법칙은 그의 이름을 딴 것이다. 샤를은 기구 아래에 매단 멋진 배 모양의 탈것에 올랐는데, 몇 킬로미터를 날아가서 파리 외곽에 착륙하자 공작두 명이 말을 타고 달려와서 맞이했다. 하지만 이 첫 비행에 만족하지 못했는지, 그는 샤르트르 공작에게 돌아오겠다고 약속하고는 곧바로 다시 이륙했다. 그는 약속을 지켰다. 다행히도 이 수소 기구는 불길에 휩싸이지 않았다. 그랬다면 기구도 용감한 비행사들도 작별했을 것이다. 이 초기의 기구 비행은 위험천만했고, 실제로 몇몇 초기 비행사들은 목숨을 잃었다. 아마 예상

했겠지만, 나중에 드 로지에도 자신이 설계한
수소 기구 아래에 열기구를 매단 혼성 기구를
타고 날다가 비극적으로 목숨을 잃었다. 왜 예
상이 되었을까?

　드 로지에가 앞서 탔던 몽골피에 기구는 아름
다웠다. 당시 수천 명이 눈을 떼지 못한 채 그 광경
을 지켜보고 있었다. 그중에는 왕가 사람들도 있었는
데 그들에게 맞을 만큼 품위가 있었다. 현대 열기구는 전
통적인 서양배 모양뿐 아니라, 다채로운 색깔을 띤 재미있는 모
양으로도 만들어진다. 최초의 몽골피에 기구는 움직임이 제한적
이었다. 당시의 기사 내용들이 서로 어긋나는 부분이 많아서 상
세하게 파악하기는 어렵지만, 화로를 땅에 남겨 두고 이륙했던
것 같다. 그래서 아마 기구의 공기가 식으면서 꽤 빨리 내려앉았
을 것이다. 후에 몽골피에 기구는 화로를 아래에 매달고
하늘로 올라갔고, 비행사는 밀짚을 넣어서 불을 땠
다. 현대 열기구는 프로판 가스통에서 나오는 가스
를 태우며, 기구 안쪽 깊숙한 곳에 짧고 정밀하게
고열을 불어넣는다.

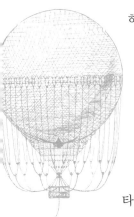

　공기보다 가벼운 기계의 이상적인 형태는 진
공을 담는 것이 아닐까 생각할 수도 있다. 진공보
다 가벼운 것이 있을 리가 없지 않은가? 하지만 안
타깝게도 진공이 바깥의 기압에 짓눌리지 않게 막으

려면, 강철 같은 것으로 아주 두껍고 튼튼한 통을 만들어야 한다. 그러면 조금 점잖게 말해서, 무게를 줄이려는 목적 달성에 실패할 것이다. 기구나 비행선이 날려면 가벼운 막 안에 지구의 공기를 이루는 질소–산소 혼합물보다 더 가벼운 기체를 채워야 한다. 수소는 가장 가벼운 원소이며, 초기 비행선은 메탄 같은 가벼운 기체들을 쓰거나, 수소 혹은 수소가 풍부하게 들어 있는 석탄 가스를 썼다. 안 좋은 방식이었다! 수소는 가연성이 크다. 즉, 폭발하는 성질이 있다. 1937년에 일어난 거대한 힌덴부르크 비행선이 폭발하는 비극적인 사고를 기억하기에, 이제 비행선 설계자들은 두 번째로 가벼운 기체인 헬륨을 선호한다.

☞ **그런데** 사람을 싣고 날려면 헬륨이 대량으로 필요한데, 헬륨은 비싸다. 파티 풍선을 불 때는 소량만 있으면 되지만. 헬륨은 가연성이 없으며, 상대적으로 무해하다. 또 파티에 흥을 불어넣는 데에도 유용하다. 헬륨이 공기보다 가볍기 때문에, 헬륨이 차 있는 공간은 공기가 차 있는 공간보다 소리가 거의 세 배나 빨리 전달되는 추가 효과가 있다. 이는 들이마신 헬륨이 허파에 찬다면, 미니 마우스 같은 소리를 낼 것이라는 의미다. 하지만 너무 많이 마시지는 말기를. 헬륨을 너무 깊이 들이마시거나 많이 마시면 몸에 안 좋을 수 있다.

헬륨의 가격을 생각하면 당연하겠지만, 현재는 열기구가 훨

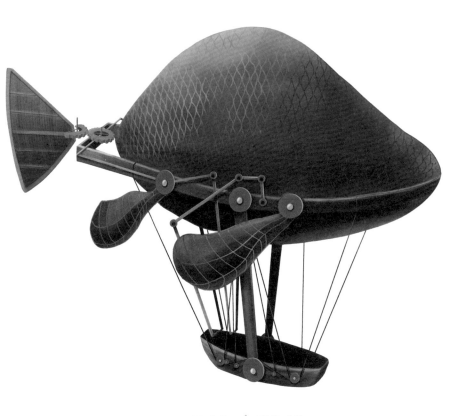

조종 가능한 물고기 모양의 기구
기구와 비행선의 중간 진화 형태?

썬 더 흔하다. 온난 상승 기류를 이야기할 때 말했듯이, 뜨거운 공기는 차가운 공기보다 가볍다. 버너로 열기구 안의 공기를 가열하는 편이 헬륨으로 기구 안을 채우는 것보다 싸게 먹힌다. 조금 시끄럽긴 하다. 그래서 조용한 시골 위를 떠가는 낭만적인 여행의 분위기를 다소 망친다. 나는 기구를 세 번 타 보았는데, 한 번은 영상 촬영 기사와 함께였다. 교회의 높은 탑을 지나갈 때 해 질 녘 영국 시골 교회의 고즈넉한 매력을 유창하게 떠들어 댈 생각이었는데, 시시때때로 켜지는 프로판 버너의 굉음 때문에 촬영이 계속 끊길 수밖에 없었다.

기구를 전문적으로 모는 이들의 세계는 작은 듯하다. 세 번째로 단 것은 미얀마에서였는데 그 여행이 가장 기억에 남는다. 정말 우연의 일치로 앞서 평온한 영국 시골의 교회 상공으로 나와 촬영 기사를 태웠던 바로 그 사람이 기구를 몰았다. 미얀마에서는 이른 아침에 연무가 낀 가운데 말 그대로 수천 곳의 불교 사원과 탑이 바간 평원 위에 점점이 흩어져 있는 장관을 보면서 떠다녔다. 죽기 전에 꼭 봐야 할 장관이다.

비행선과 달리 기구는 조종하기가 어렵다. 비행선은 밑에 선실을 매단 거대한 기구에 해당하며, 프로펠러를 써서 수평으로 나아간다. 방향을 조종할 수 있다. 그래서 비행선을 영어에서는 말 그대로 조종이 가능하다는 뜻인 디리저블 dirigible이라고도 한다. 초기에 설계된 기구 중에는 돛, 키, 노 등 배를 모델로 삼아 방향 조종 장치를 단 것들도 있었다. 나는 그런 것들을 최초의 비행선으로 여기지만, 보고 있자면 과연 조종이 잘 되었을지 의구심이 든다.

단순한 기구는 오로지 고도만 조절할 수 있다. 원하는 방향으로 부는 바람이 있는 고도까지 오르려고 시도할 수는 있다. 꽤 운에 맡기는 조종 방식이다. 수소나 헬륨 기구의 고도를 올리려면 미리 바구니에 담아 둔 바닥짐(모래 같은) 중 일부를 버린다. 열기구에서는 프로판 버너를 켜서 공기를 빠르게 가열한다. 고도를 낮추려면 밧줄을 당겨서 열기구 꼭대기에 있는 밸브를 열어 뜨거운 공기나 가스를 일부 빼낸다. 기구가 작은 무게 변화에 얼마나 민감하게 반응하는지 알면 놀랄 것이다. 바닥짐을 조금만 밖으로 내버려도 쑥 올라간다. 이는 기구가 주변 공기와 평형을 이루는 에어로스탯aerostat이기 때문이다. 이 말이 무슨 뜻일까?

고도가 높아질수록 대기의 밀도는 낮아진다. 따라서 기구가 완벽하게 평형을 이루는 어떤 고도가 있을 것이다. 기구는 이 평형 고도보다 낮은 높이에 있으면 올라갈 것이다. 반대로 더 높은 곳에 있으면 내려올 것이다. 모래를 내버리면(또는 버너를 켜면) 기구가 '선호하는' 고도, 즉 평형 고도가 바뀌면서 원하는 효과를 얻게 된다. 또 기구 조종사는 단순하면서 영리한 장치를 써서 고도를 자동적으로 조절하기도 한

다. 이 방법은 기구가 땅에 가까이 있을 때에만 가능하다. 바구니 바깥으로 늘어뜨린 긴 밧줄, 이른바 '땅 끌림 밧줄trail rope'을 이용하는 방법이다. 밧줄의 무게는 얼마 되지 않지만, 그래도 중요하다. 기구가 낮게 날 때면 밧줄의 대부분이 땅에 닿아 있기에, 밧줄의 무게는 기구의 총무게에서 빠진다. 기구가 더 높이 올라가면 땅 끌림 밧줄 중 더 많은 부분이 땅 위로 올라가고 그 무게 때문에 기구가 조금 가라앉는다. 이런 식으로 땅 끌림 밧줄은 자동적으로 기구의 높이를 조절한다. 나는 이 점이 놀랍다. 밧줄 하나는 아주 가벼워서 아무런 차이도 일으키지 않을 것이라는 생각이 들지 않는가? 이는 공기보다 가벼운 비행 기계인 에어로스탯이 얼마나 민감한지를 잘 보여 준다.

1937년 뉴저지에서 거대한 비행선 힌덴부르크호가 끔찍한 폭발 사고를 일으키기 직전에, 그 비행선은 원래 있어야 할 높이보다 더 낮게 있었다. 당시 영상에는 승무원들이 바닥짐인 물을 버리는 등 고도를 올리려고 미친 듯이 애쓰는 모습이 나온다. 그러나 비행선의 크기에 비해 물이 그리 많지 않았던 듯하나. 1705년

✈ 살기 위해 벗어 던지다

블랑샤르는 1785년 영국 해협을 횡단하는 데 성공했다.
위험할 만치 고도가 떨어지자 그들은 곤돌라에 실린 모든 것을 내버려야 했다.
옷가지와 방향타까지 버렸다.

장피에르 블랑샤르Jean-Pierre Blanchard는 최초로 기구를 타고 영국 해협을 건넜는데, 그와 미국인 동료는 같은 이유로 아름다운 배 모양의 탈것에서 모든 것을 내던져야 했다. 옷가지까지 내버렸다.

앞서 내 옛 지도 교수인 근엄한 '웃는 존' 프링글과 그가 진행한 곤충의 진동 비행 모터 연구를 언급한 바 있다. 말이 난 김에 덧붙이자면, 그는 뛰어난 글라이더 조종사였기에 떠 있으려면 뭐가 필요한지 얼마간 알고 있었다. 그보다 앞서 1920년대에 옥스퍼드의 동물학 교수로 있던 쾌활한 앨리스터 하디Alister Hardy도 그랬다. 그도 기구 애호가였다. 하디는『윌로스와 함께 한 주말 *Weekend with Willows*』이라는 매혹적인 얇은 책에 저명한 비행사이자 비행선 설계자인 어니스트 윌로스Ernest Willows가 (다소 무모한 방식으로) 조종하는 기구를 타고서 네 젊은 신사가 런던에서 옥스퍼드까지 정말로 사건 사고 많은 위험천만한 여행을 한 일을 적었다. 윌로스는 나중에 비극적인 기구 사고로 사망했다. 그들이 탄 기구는 석탄 가스로 띄웠는데, 하디는 런던에서 그들에게 필요한 가스를 기꺼이 공급해 줄 가스 공장을 찾느라 고생한 일화도 적었다. 런던에서 옥스퍼드까지의 비행은 네 신사 중 한 명이자 하디의 친구인 닐 매킨토시Neil Mackintosh가 쓴 426줄의 서사시를 통해 불후의 명성을 얻었다. 모험의 분위기와 그의 재치를 전달하기 위해 일부를 인용해 보자. 내가 보기에 비슷한 젊은이들이 몬트모런시라는 이름의 개와 함께 템스강을 거슬러서 옥스퍼드까지 배로 여행하는 빅토리아 시대의 익살스러운 이야기인 『보트 위의 세 남자*Three Men in a Boat*』와 분위기가 비슷하다.

런던과 옥스퍼드 사이의 어느 지점에서—하디와 친구들은 어디인지 전혀 몰랐다—그들은 안개를 뚫고 불쑥 튀어나왔다…….

한 번도 본 적이 없는 치명적인 함정이었다.
치명적인 불행을 야기할지도 모를.
'치명적인'이 딱 맞는 단어다.
너무 늦기 바로 직전에
우리는 아주 높은 언덕 위에 솟은.
무덤과 납골당과 묘지에 에워싸인 교회가
어스름 속에서 출현하는 것을 보았다.
뾰족탑이 하늘에 닿은 듯했다.
소스라치게 놀라서 진땀을 쏟아 내며.
뾰족한 탑에 꿰이지 않도록
우리는 재빨리 바닥짐 주머니들을 내버렸다.
아래 무덤으로 작은 모래주머니들이 털썩 떨어졌다.
터지고 짓뭉개진 시신 대신에.
그렇지 않았다면, 내 이야기를 듣고 있지 못하리라.

방금 살펴보았듯이, 기구의 문제점은 방향을 조종할 수 없다는 것이다. 자신이 어디에 착륙할

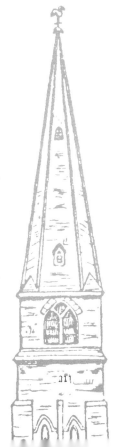

지 결코 알지 못한다. 그래서—나는 옥스퍼드 외곽의 시골에서 기구를 타 보았기에 안다—기구를 회수할 인원이 차를 타고 뒤따라와야 한다. 그 옥스퍼드서 여행 때에는 착륙할 무렵에 뜻밖의 돌풍이 일어나는 바람에, 우리는 옆으로 밀리면서 산울타리를 부수고 밭 두 곳을 긁으면서 죽 끌려가다가 결국 바구니 밖으로 튕겨 나갔다. 그 결과 함께 탄 참을성 많고 매력적인 젊은 여성이 뜻하지 않게 내 밑에 깔렸다. 또 기구에는 영어에 조금 서툰 일본인 방문 교수도 타고 있었다. 우리가 힘겹게 일어나서 먼지를 털고 있는데 밭 주인인 농민이 달려왔다. 그는 흥분해서 물었다. "어디서 왔습니까?" 일본인 교수는 이미 그런 질문을 받은 바 있기에, 답을 알고 있었다. 그는 망설이지 않고 답했다. "어, 일본에서 왔어요!" 우리 때와 달리 앨리스터 하디가 살던 더 한가로운 시대에는 트레일러를 갖춘 차량을 몰고 뒤따르는 지원 인력이 없었다. 기구를 타는 이들은 밑에 철도가 깔려 있는 곳을 찾아, 그 옆에 착륙하곤 했다. 그들은 기구를 접어서 천 가방에 집어넣은 뒤, 열차가 오면 깃발을 흔들었다. 그러면 열차는 멈춰 서서 그들을 태우곤 했다. 무슨 일인가 하고 지켜보던 승객들은 사정을 알고 신기해했을 것이 틀림없다.

이 장의 첫머리에서 말했듯이, 인간 이외의 그 어떤 동물도 기구와 같은 진정으로 공기보다 가벼운 무언가를 진화시킨 적이 없는 듯하다. 작은 거미와 모충은 '기구 타기balloning'라고 하는 행동을 한다. '연날리기kiting'라고도 하는데, 공기보다 가벼운 것은 아니므로, 후자가 더 맞는 명칭이다. 거미는 거미줄을 자아서 바람에 흩날린다. 이 줄이 바람을 받아 연처럼 떠오르면, 연에 매달린 작은 거미도 공중으로 떠오른다. 새끼 거미들은 이런 식으로 수백 킬로미터까지 날아가기도 한다. 이른바 공중 부유 생물이다. 이들의 이야기는 11장에서 하기로 하자. 기구를 타는 거미는 이륙할 때 지구의 정전기장에서 얼마간 양력을 얻는다는 증거가 있다. 독자도 직접 정전기를 관찰할 수 있다. 플라스틱을 머리에 대고 문질러 보라. 그러면 플라스틱이 종잇조각 같은 작은 물체들을 끌어당긴다는 것을 알 수 있다. 자기와 비슷해 보이긴 하지만 자기가 아닌 정전기다. 그리고 일부 새끼 거미는 정전기력을 써서 공중으로 이륙한다.

하지만 진정한 기구 타기는 어떨까? 실제로 공기보다 가벼워서 떠다니는 동물이 과연 있을까? 기구가 자연적으로 진화한다는 것이 전혀 불가능해 보이지는 않는다. 그런 재료가 동물계에 아예 없지는 않다. 실크로 만든 인공 기구도 있었다. 실크는 가벼우면서 튼튼하다. 물론 실크는 거미가 발명했으니 곤충, 특히 나방에라는 애벌레도 독자적으로 발명했다. 일부 물여우(날도래 애벌레)는 실크로 덫을 만들어서 작은 갑각류를 잡는다. 전형적인 거미집과 달리, 이들의 덫은 기구와 거의 비슷해 보인다. 따라서 실크로 기구를 짜는 것은 활용 가능한 기술이다. 하지만 그 주머니 안을 어떤 기체로 채울 수 있을까? 동물이 헬륨 제조 능력을 진화시킬 수 있다고는 상상하기가 어렵다. 하지만 일부 세균은 수소를 만들 수 있으며, 그들을 상업적으로 이용하여 연료를 만들자는 구상도 있다. 동물은 다른 방면에서도 세균의 전문 기술을 이용한다. 예를 들어, 빛을 만드는 데 쓴다. 동물은 또 다른 가벼운 기체인 메탄도 쉽게 만든다. 소는 메탄을 뿜어내는데, 이 메탄도 사실은 위장에 있는 세균(그리고 다른 미생물들)이 만드는 것이다. 이 메탄은 우려되는 대기 온실가스 중 하나다. 메탄은 식물이 썩을 때에도 생긴다. '늪 가스'라고 알려져 있는 메탄은 늪지대에서 때로 자연적으로 불이 붙기도 한다. 그것이 바로 '도깨비불'이다. 뜨거운 공기는? 내가 아는 동물의 열 생산 사례 중 가장 인상적인 것은 몇몇 일본 벌이 집을 습격하는 말벌을 공격할 때 하는 행동이다. 벌들은 달려들어서 말벌을 에워싼다. 마치 공처럼 꽉꽉 둘러싼다. 그런 뒤 배를 떨어 대면서 진동을 일으키면 온도가 47도까지 올라간다. 말벌은 말 그대로 익어서 죽는다. 이 요리를 할 때 벌들도 일부 함께 죽지만, 중요하지 않다. 대신할 벌들이 많이 있으니까. 그러나 기구 기술의 몇몇 개별 구성 요소들─열, 수소, 메탄, 촘촘하게 짠 실크 천─은 자연의 진화를 통해 나올 수 있는 것 같지만, 나는 그것들을 하나로 모아서 공기보다 가벼운 이륙 장치를 만든 사례는 본 적이 없다. 하지만 누가 알겠는가. 앞으로 어떤 동물이 그런 발명을 하게 될지.

☞ 물은 공기보다 밀도가 훨씬 크므로, 공기보다 가벼운 비행에
　해당하는 수중 판본은 만들기가 쉽고 흔하다. 우리는 헤엄칠

엮은 실크

물여우가 잣은 실크로 만드는 이 및은 기구가 아니다. 그러나 동물이 기구에
필요한 구성 요소 중 하나를 만들 수 있음을 보여 주는 사례다.

때마다 비행을 한다. 콘라트 로렌츠Konrad Lorenz는 자신의 스
노클링 경험을 날고 싶었던 어린 시절의 꿈을 회상하는 이야기
로 시작한다. 아무튼 우리 몸은 대부분 물로 이루어져 있으며,
허파의 공기는 우리를 더욱 가볍게 만든다. 상어는 물보다 조

금 더 무거우며, 천천히 가라앉는 일을 막으려면 공중에서 날갯짓을 하는 새처럼 계속 헤엄을 쳐야 한다. 그러나 경골어류(상어 같은 연골어류와 달리 굳뼈를 지닌 어류)는 이 장에서 언급할 자격이 있다. 밀도를 능숙하게 바꿀 수 있는, 정밀하게 제어되는 하이드로스탯hydrostat이기 때문이다. 이런 면에서 그들은 조종 가능한 비행선과 비슷하다. 비행선은 정밀하게 제어되는 에어로스탯이다. 앞서 살펴보았듯이, 에어로스탯은 공기보다 밀도가 낮은 기체가 제공하는 양력이 탑승자를 포함한 장치의 무게와 정확히 평형을 이루는 고도를 찾는다. 그런 뒤 계속 오르내리면서 그 평형을 유지한다. 물고기도 부레를 정밀 제어하면서 같은 식으로 행동한다. 부레는 물고기의 몸 깊숙이 있는 기체 주머니다. 물고기는 부레의 기체량을 조절해, 몸의 밀도를 바꿀 수 있다. 그러면 새로 평형이 이루어지는 수심까지 올라가거나 내려가게 된다. 경골어류가 힘들이지 않고 물속을 오르내리는 것처럼 보이는 이유가 바로 이 때문이다. 물고기들이 방에 있는 어항에서도 그렇게 편안하게 돌아다닐 수 있는 한 가지 이유이기도 하다. 부레 덕분에 물고기는 그저 수평으로 나아가는 데 필요한 에너지만 쓰면 된다. 하늘을 나는 새와 가만히 있으면 가라앉는 상어와 달리, 경골어류는 떠 있기 위해서 에너지를 쓸 필요가 없다. 새는 공중 부레를 메탄으로 채운

다면, 공중에서 같은 일을 할 수 있을 것이다. 그러나 그렇게 하지 않는다.

어류 외에도 부레에 해당하는 것, 즉 밀도를 조절하는 수단을 진화시킨 동물들이 있다. 갑오징어cuttlefish는 영어 단어에 물고기fish라는 말이 들어가 있긴 하지만 어류가 아니라 연체동물이며, 오징어와 문어의 친척이다. 갑오징어는 다공성 '뼈'에 체액을 집어넣거나 뼈에서 체액을 뺌으로써 정역학적 평형을 유지한다. 갑오징어의 뼈는 새장에서 키우는 새의 칼슘 보충제로 널리 쓰인다.

공기보다 가벼운 항공기는 유용한 비행 수단이 되기에는 제약이 많다. 그래서 현재 하늘에서 조종 가능한 비행선은 거의 보이지 않으며, 상업적인 운송 수단보다는 취미용이나 광고용으로 쓰인다. 가장 가벼운 기체인 수소도 공기보다 아주 가벼운 것은 아니라서, 무거운 짐을 들어 올리려면 엄청난 양을 써야 한다. 그 기체를 담는 데 필요한 거대한 주머니도 가벼워야 한다. 그 말은 얇고 찢어지기 쉽다는 의미이기도 하다. 그래서 주로 주머니를 최소한의 단단하거나 탄력 있는 틀로 부드러운 천을 지탱하는 형태로 만들곤 한다. 가압 상태에 안정적인 기체 주머니 모양은 구형이다. 몽골피에 기구를 포함해 대부분의 기구가 구형이거나 거의 구형인 이유가 바로 이

때문이다. 그러나 구형은
공기 속을 빨리 날아가기에
좋은 모양은 아니며, 그래서 유
명한 체펠린 비행선처럼 엔진으로 추
진되는 발전된 비행선들은 유선형의 시가 모
양에 가깝다. 그러나 비행선이 안정한 구형에서 멀어질
수록, 기체 주머니의 모양을 유지하려면 더욱 단단한 뼈대가 필
요하다. 그러면 무게가 더 늘어나며, 태울 화물이나 사람을 제외
한다고 치더라도 비행선 자체를 띄우려면 더욱 많은 양의 기체가
필요해진다. 그리고 기체 주머니의 부피가 클수록 공기 속을 나
아갈 때 항력도 커진다. 원하는 것이 속도라면, 비행선은 수평 운
동을 통해서 양력을 유도하는, 공기보다 무거운 항공기와 경쟁
조차 되지 않는다. 반면에 양력을 얻기 위해 연료를 쓸 필요가 없
으므로, 비행선은 운영 비용이 저렴하다. 따라서 정해진 시간까
지 운송해야 할 화물 같은 것이 없어서 속도에 신
경을 쓸 필요가 없다면, 비행선을 쓰
고 싶은 유혹을 느낄 수도 있
다. 그러나 비행선은 최
대 속도가 아주 느리므
로—세계 기록이 시속
약 113킬로미터에 불과하
다—대형 제트기라면 뚫고 갈

맞바람에 대처할 수 없다. 더 빨리 날 수도 있겠지만, 그러려면
점보제트기처럼 아주 커다란 엔진이 필요할 것이다. 그런 엔진은
너무 무겁기에 에어로스탯은 아예 이륙조차 못할 것이다.

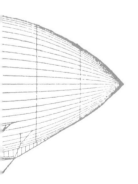

CHAPTER 10

무중력

세계를 돌면서 추락하기

우주 비행사는 날고 있는 양 느끼지만 실제로는 자유 낙하를 하고 있다.

10장

무중력

이제 중력에 맞서는 마지막 방법을 살펴볼 차례다. 바로 무중력이다. 언뜻 볼 때 고도로 발전된 기술을 지닌 인간만이 쓸 수 있을 것 같다. 독자가 국제 우주 정거장에 있는 우주 비행사라면, 날고 있다는 환상적인 착각에 빠질 것이다. 그곳에 간 극소수의 아주 운 좋은 이들은 그 누구보다도 레오나르도의 꿈을 실현하는 쪽에 가까이 다가가 있다. 우주 정거장에서는 '위'나 '아래'라는 감각이 전혀 없다. 생활 공간의 어떤 표면도 바닥이나 천장이라고 부를 수 없다. 독자는 유령처럼 떠다니며, 동료와 식사를 할 때(음식을 접시 위에 담으면 둥둥 떠다닐 테니 치약 튜브 같은 곳에 든 음식을 짜 먹을 때) 서로 거꾸로 선 자세로 먹을 수도 있다. 우주 정거장의 한 방에서 다른 방으로 갈 때면 손잡이를 밀어서 공중으로 날아간다. 잠시 바닥으로 삼은 곳에서 뛰어오른다면, 아무리 살살 뛴다고 해도 '천장'까지 날아 '올라'서 머리를 부딪칠 것이다. 관리나 수리를 위해서 우주 정거장 밖으로 나가면 마찬가지로 자유롭게 떠다닐 것이고, 우주 정거장에서 멀리 떨어질 수도 있으니 정거장과 몸을 연결해야 한다. 독자는 기구처럼, 또는 부레의 명령에 완벽하게 따르는 물고기처럼 힘들이지 않고 떠다닌다. 그러나 물고기와 달리, 우주 비행사가 떠 있는 이유는 주변 매질과 밀도가 같아서가 아니다. 그것과는 거리가 멀다.

우주 정거장 내의 주변 매질은 공기이며, 바깥은 거의 진공이다. 그리고 우주 비행사는 양쪽보다 훨씬 더 밀도가 높다. 그렇다면 그들은 왜 떠 있을까?

이 부분에서 사람들은 으레 잘못 생각하곤 하므로, 그 문제부터 다루기로 하자. 많은 이들은 우주 비행사가 지구에서 멀리 떨어져 지구의 중력이 닿지 않는 곳에 있기에 무중력 상태에 있다고 생각한다. 너무나도 틀린 생각이다! 우주 정거장은 지구에서 그리 멀리 떨어져 있지 않으며—런던에서 더블린보다 더 가깝다—지구의 중력은 우주 정거장이 해수면에 있을 때와 거의 다를 바 없는 수준으로 우주 정거장을 강하게 잡아당기고 있다. 우주 비행사는 체중계에 올라선다면 무게가 0으로 나올 것이라는 의미에서 무중력이다. 우주 비행사와 체중계 모두 선실에서 자유롭게 떠다니므로 몸은 체중계에 아무런 압력도 가하지 못한다. 그래서 체중이 0으로 나온다.

우주 비행사와 체중계, 우주 정거장과 그 안의 모든 것이 떠 있는 이유는 자유 낙하를 하기 때문이다. 모두 계속해서 떨어지고 있다. 세계를 돌면서 추락하고 있다. 중력은 계속 작용하면서,

그 모두를 지구의 중심으로 잡아당기고 있다. 그와 동시에 그들은 지구 주위를 고속으로 돌고 있다. 너무나 빠르게 돌기에, 계속 지구로 떨어지고 있으면서도 지구를 비껴가고 있다. 궤도에 있다는 것이 바로 이런 의미다. 궤도에 있는 우주 정거장은 기구가 항공 역학적으로 균형 상태에 있는 것과 전혀 다른 이유로 떠 있다. 기구는 주위에 있는 공기의 압력으로 지탱된다. 기구가 떨어지지 않는 이유는 바로 그 때문이다. 반면에 궤도에 있는 우주 비행사들은 떨어진다. 끊임없이 떨어진다. 달은 떨어지고 있으며, 40억 년 넘게 떨어지는 중이다. 세계를 돌면서, 영구 궤도에서 떨어지고 있다.

기구 탑승자도 무중력 상태에 있을까? 물론 아니다. 그들의 발은 바구니 바닥을 굳게 딛고 있으며, 그들은 마치 궤도에 있는 양 빙빙 도는 경향을 전혀 보이지 않는다. 기구에 실린 체중계에 올라서면, 체중이 그대로 나올 것이다. 따라서 진정한 무중력은 중력에 맞서는 우리의 마지막 방법이다. 인간의 발전된 기술이 그 일을 해냈다. 하지만 잠깐만! 그 말이 엄밀하게 맞을까? 다음과 같이 생각해 보자.

궤도에 오른 최초의 우주 비행사는 유리 가가린Yurii Gagarin이다. 때는 1961년이었다. 따라잡기 위해 기를 쓰던 미국도 같은 해에 앨런 셰퍼드Alan Shepard를 로켓에 태웠다. 그는 궤도에 오르지 못했지만, 고도 160킬로미터를 넘는 아주 높은 곳까지 올라갔다가, 대서양에 떨어졌다. 셰퍼드는 비행의 가속 단계에서는 무중력과 거리가 멀었다. 체중계에 서 있었다면 평소 체중보다 6.3배 더 무겁게 나왔을 것이다. 실제로 그는 6.3배 더 무거웠다. 그러나 로켓 엔진이 꺼진 뒤에, 즉 상향 운동이 일어난 기간 대부분과 낙하산이 펼쳐지기 전까지 하향 운동이 일어난 기간 대부분에 그와 그가 탄 캡슐은 자유 낙하를 했다. 그가 체중계에 올라 있었다면, 이 장엄한 도약의 시간 대부분에 그의 체중은 0이라고 나왔을 것이다.

이제 '인간 이외의 다른 동물도 무중력을 달성했는가'라는 질문으로 돌아가 보자. 우리의 임시 답은 '아니오'였다. 궤도 속도에 다다를 수 있는 로켓 엔진을 진화시킨 동물은 아무도 없었으니까. 그런데 방금 우리는 유리 가가린과 달리 앨런 셰퍼드가 궤도 속도에 다다르지 못했다는 것을 알았다. 그럼에도 두 사람 모두 무중력을 달성했다. 이제 전설적인 도약의 대가인 벼룩을 떠올리면서, 벼룩이 앨런 셰퍼드와 어떻게 다른지를 생각해 보자. 벼룩은 로켓 엔진이 없으므로, 근육을 써야 한다.

☞ **그런데** 한 가지 부수적이지만 흥미로운 문제는 우리 근육이 벼룩처럼 높이 도약하는 데 필요한 폭발적인 가속을 순간에 낼 만치 빨리 움직일 수가 없다는 것이다. 벼룩의 (필연적으로 느린) 근육 에너지는 탄성 스프링에 저장되어 있다. 새총이나 긴 활, 석궁과 같은 원리다. 새총은 팔 근육으로 잡아당긴 고무줄

덕분에, 단순히 팔 근육으로 낼 수 있는 것보다 훨씬 더 빠른 속도로 돌을 던질 수 있다. 고무는 늘어나면서 근육 에너지를 저장한다. 메뚜기 등 다른 도약 곤충들처럼 벼룩도 레실린이라는 놀라운 탄성 물질을 지니고 있다. 레실린은 새총의 고무줄에 해당하지만, 탄성이 아주 뛰어나 고무줄보다 낫다. 벼룩의 근육은 시간을 들여서 천천히 레실린을 '감는다'. 그 탄성체에 저장된 에너지가 두 다리에서 순간 방출되면서 벼룩은 높이 뛰어오른다.

수학 이론에 따르면, 동물이 뛰어오를 수 있는 절대 높이는 몸집과 관계가 없다. 물론 현실적으로 보면, 벼룩과 캥거루 (그리고 올림픽 높이뛰기 선수) 같은 동물들은 높이 뛰는 쪽으로 분화한 반면, 하마와 코끼리 (그리고 나) 같은 동물들은 그렇지 않은 등 아주 다양하다. 벼룩은 약 20센티미터까지 뛰어오를 수 있다. 사람이 서서 뛰어오를 수 있는 높이도 그 정도다. 그러나 몸집의 비율을 따지면, 사람이 에펠탑을 뛰어넘는 수준이라고 할 수 있다. 깡충거미도 도약의 대가다. 이들은 속이 빈 다리 안으로 체액을 폭발적으로 밀어 넣음으로써 뛰어오르는 멋진 작은 동물이다. 벼룩보다 더 크지만, 깡충거미도 거의 벼룩만큼 높이 뛴다. 도약 높이가 몸집과 무관하다는 법칙을 보여 주는 사례다.

공기 저항 같은 복잡한 요인들을 무시한다면, 이론상 벼룩이나 깡충거미의 궤적은 우아한 곡선을 그려야 한다. 수학자들이

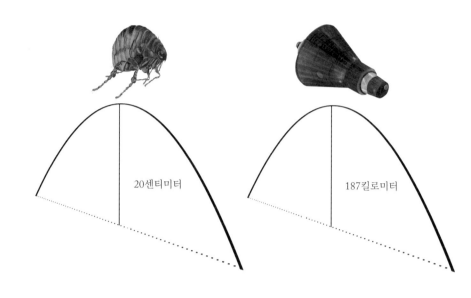

앨런 셰퍼드의 대도약

그리고 더 작지만 인상적인 벼룩의 도약. 복잡한 요인들이 얽혀 있긴 하지만,
양쪽의 도약 궤적은 대체로 포물선을 그린다.

포물선이라고 말하는 곡선이다. 앨런 셰퍼드의 궤적은 벼룩의 포
물선 궤적을 확대한 것과 꽤 비슷해 보인다. 능동 추진이 지속된
상향 여행의 첫 부분을 제외할 때 그렇다. 벼룩의 능동 추진은 땅
에서 떠난 순간에 멈춘다. 셰퍼드의 실제 궤적은 역추진 로켓을
작동시켜서 수동으로 조종하고 마지막에 낙하산을 펼치는 등 다
양한 조작이 이루어졌기에 복잡했다.

　"저 소를 공이라고 하고 공이 진공에 있다고 합시다." 이론물

리학자는 쉽게 계산하기 위해 현실을 아주 단순화하는 습관이 있는데 — 지극히 타당하다 — 대개 이런 식으로 농담하듯이 말하곤 한다. 이 농담을 본받아서, 우리도 벼룩과 셰퍼드의 궤적에 영향을 미치는 복잡한 요인들은 흔쾌히 무시하기로 하자. 그러면 두 도약 모두 우아한 포물선을 그린다. 먼저 벼룩은 도약 높이가 20센티미터인 반면, 우주 비행사는 187킬로미터라는 점이 다르다. 벼룩은 레실린에 저장된 근육 에너지로 도약하며, 우주 비행사는 로켓의 힘으로 이륙한다. 둘 다 무중력을 성취한다. 벼룩은 1초도 안 되는 시간, 우주 비행사는 몇 분 동안이다. 이제 벼룩이 작은 체중계에 올라가 있다고 상상하자. 벼룩만 한 체중계라니 상상하기가 조금 어렵겠지만, 이론물리학자처럼 하면 된다. 공기 저항 같은 복잡한 요인들을 다 무시한다면, 벼룩과 벼룩이 올라가 있는 체중계는 자유 낙하할 때 우주 비행사와 무게가 똑같아진다. 즉, 0이 된다.

이제 가가린이나 현대 우주 정거장을 우리 이론상의 동화에 끌어들이자. 궤도에 있는 가가린의 무중력은 셰퍼드나 벼룩의 무중력과 아무런 차이가 없다. 더 명백하게 떨어지고 있을 때의 하향 부분에서만 그런 것이 아니다. 벼룩은 땅에서 뛰어오르자마자, 위로 올라가고 있다고 해도 떨어지고 있는 것이다. 앨런 셰퍼드도 밀어 올리는 로켓 엔진이 꺼지자마자 떨어지고 있었다(마찬가지로 올라가고 있음에도). 그리고 무중력 상태에 있었다. 가가린의 무중력 상태는 그저 더 오래 지속되었을 뿐이다. 우주 정거장에 있는 우주 비행사의 무중력은 더 오래 지속된다. 그리고 달의 무중력 상태는 수십억 년 동안 지속되고 있다. 그러니 우리는 우주 비행사가 말 그대로 무중력을 통해서 중력에 맞서는 유일한 동물이 아니라고 결론을 내린다. "노련한 벼룩도 그렇게 한다 Even educated fleas do it*."

---

* 엘라 피츠제럴드Ella Fitzgerald의 노래 가사

CHAPTER 11

공중 부유 생물

자유롭게 하늘을 떠다니기

고래가 바다에서 하듯이, 공중 부유 생물을 대량으로 빨아들이면서 떠다니는
거대한 기구 같은 동물은 왜 없을까?

11장

공중 부유 생물

높은 대기 권역으로 올라가면 이른바 공중 부유 생물, 즉 공중 플랑크톤aeroplankton과 마주친다. 꽃가루, 홀씨, 바람에 날리는 씨, 요정파리, 거미줄이라는 작은 낙하산에 매달린 조그만 거미 등 많은 생물로 이루어진 혼합 집단이다. '기구 타기' 거미는 앞에서 이야기했으며, 그 밖에도 많은 작은 동물과 곰팡이 홀씨, 세균, 바이러스도 공중을 떠다닌다. 물론 '플랑크톤'이라는 이름은 바다에서 따온 것이다. 굽이치는 드넓은 초원처럼 물결치는 바다의 수면 근처에는 햇빛을 받아서 광합성을 하는 단세포 녹조류와 세균이 풍부하다. 이들은 해양 먹이 사슬의 출발점이 된다. 플랑크톤을 이루고 있는 미세한 동물들은 이 조류를 먹고, 조금 더 큰 동물에게 먹힌다. 그렇게 먹이 사슬이 이어진다. 바다의 플랑크톤은 수직 이주vertical migration라는 행동을 한다. 밤에는 더 안전한 깊은 곳으로 내려갔다가 낮에는 모두가 의지하는 햇빛을 받으러 위로 올라온다.

앞에서 옥스퍼드대 교수 앨리스터 하디가 런던에서 옥스퍼드까지 기억에 남을 기구 여행을 했다는 이야기를 한 바 있다. 그가 평생을 주로 살펴본 연구 대상은 바다의 플랑크톤이었다.

☞ 그는 연속 플랑크톤 기록계Continuous Plankton Recorder를 발명했다. 배 뒤로 끌고 다니는 장치다. 특별한 연구선이 필요하지 않으며, 그냥 아무 배에다가 달기만 하면 된다. 안에는 둘둘 감아 놓은 실크로 된 아주 긴 띠가 들어 있다. 이 띠를 다른 곳에 계속 감으면서 그 사이로 바닷물을 통과시키면 띠에 플랑크톤이 줄줄이 걸린다. 나중에 감긴 띠를 풀어서 걸린 플랑크톤을 조사하면, 어느 바다에서 어떤 플랑크톤이 얼마나 사는지 계산할 수 있다. 물론 배의 속도와 항로, 실크 띠를 감는 속도를 알아야 한다.

이 책을 쓰기 위해 자료 조사를 하다가, 하디가 공중 부양 생물에도 관심을 가졌다는 사실을 알게 되었다. 전혀 놀랍지 않았다. 그는 한 동료와 함께 생물들을 조사했다. 그들이 1938년에 발표한 논문은 명쾌하면서 친절하고 거의 수다를 떠는 듯한 문체로 쓰였다. 안타깝게도 지금이라면 어떤 학술지도 받아 주지 않을 문체다. 그들은 두 개의 연에 공중 부유 생물을 잡을 그물을 매달았다. 그리고 1920년대의 불노즈 모리스라는 멋진 차를 그 장치의 일부로 삼았다. 그들은 연을 띄울 장소로 차를 몰고 가서,

앨리스터 하디

이 뛰어난 해양 플랑크톤 전문가는 자동차에 매단 두 연을 써서 공중의
플랑크톤을 채집해서 조사하는 일도 했다.

뒷바퀴 축을 들어 올리고 한쪽 뒷바퀴의 타이어를 떼어 낸 뒤 휠
에 연줄을 연결해 줄감개로 삼았다. 후속 연구자들은 비행기 뒤

에 그물을 매달아서 채집하는 방법을 썼다.

바다의 플랑크톤과 달리 공중 플랑크톤은 광합성을 할 수 있는 조류와 남세균도 섞여 있긴 하지만 어떤 먹이 사슬을 지탱하는 주요 광합성 기반층이 아니다. 식물이 공중 플랑크톤의 일부가 되는 것은 꽃가루와 씨를 퍼뜨릴 때처럼, 공기를 퍼뜨리기 위한 매체로 삼기 때문이다. 씨를 멀리, 넓게 퍼뜨리는 것이 왜 그렇게 중요한지 궁금할 수도 있다. 어느 정도는 부모와 자식 사이에 경쟁을 피하기 위해서라는 데에는 의문의 여지가 없다. 그러나 더 미묘한 이유도 있다. 여기에는 흥미로운 수학 이론이 관여하는데, 식물뿐 아니라 동물에도 적용된다. 수학적으로 세세하게 따지는 대신에, 내가 으레 해 왔듯이 수학 기호를 쓰지 않은 채 말로만 수학 이론을 설명하려는 시도를 해 보자.

식물이나 동물이 가능한 최상의 장소에서 살고 있다면, 자식도 같은 곳에서 자라게 하는 편이 분명히 유리해 보일 것이다. 가능한 최상의 장소에서 삶을 시작하도록 하는 것이야말로 자식에게 제공할 수 있는 가장 좋은 기회가 아니겠는가? 그럼에도 그 수학 이론은 적어도 자식 중 일부를 멀리 떠나보내는 조치를 취하는 동물(또는 식물)이 자식을 모두 부모 옆집에 살게 하는 경쟁자보다 장기적으로는 유전자를 더 많이 퍼뜨린다는 것을 보여 준다. 설령 '부모 옆집'이 (현재로서는) 세상에서 가장 좋은 곳이고 '멀리 떠나보내는' 것이 평균적으로 더 좋지 않다고 할지라도 그렇다. 홍수나 산불 같은 재앙이 때때로 일어나서 '세상에서 가장 좋은 곳'을 파괴한다는 점을 생각하면, 그 이유를 어렴풋이 짐작할 수 있다. 물론 그런 재앙은 드물게 일어나며, '세상에서 가장 좋은 곳'이 피해를 입을 확률이 딱히 다른 곳보다 더 높은 것도 아니다. 그럼에도 현재가 아무리 완벽해 보여도 어떤 특정한 곳의 역사를 죽 돌이켜 보면, 그곳에 격변이 일어났던 시기가 있었음을 알게 될 것이다.

나는 진화를 생각할 때 시간을 거슬러 올라가는 것이, 즉 기나긴 세대에 걸쳐 이어진 조상들을 되짚어 올라가는 것이 유용할 때가 많다는 것을 안다. 언젠가는 그런 식으로 거슬러 올라가는 『유전적 사자의 서 The Genetic Book of the Dead』를 쓸 계획이다. 동물이든 식물이든 간에 모든 생물은 성공한 조상들로 끊김 없이 이어진 계통의 최근 후손이다. 정의에 따르면 그 조상들은 성공했다. 조상이 될 만큼 오래 생존했기 때문이다. 그리고 조상이 된다는 것이야말로 다윈주의에서 말하는 성공의 정의다. 나는 식물이 씨를 그냥 부모 식물 밑으로 떨구는 대신에 멀리 넓게 퍼뜨릴 필요가 있는 이유를 설명할 때 이런 사고방식을 이용한다. 그리고 바로 이것이 동물이 적어도 일부 자식을 크리스토퍼 콜럼버스 Christopher Columbus나 레이프 에이릭손 Leif Ericson처럼 미지의 땅에서 행운을 찾도록 떠나보낼 필요가 있는 이유이기도 하다.

성공한 동물(또는 식물)은 부모와 같은 곳에서 살 수도 있지만, 수십 대 이전의 조상과 같은 곳에 살지는 않을 것이다. 거슬러 올라가다 보면 먼 미지의 땅에서 행운을 찾으려고 부모의 안

식처를 떠난 덕분에 성공을 거둔 조상이 적어도 일부 나타날 것이다. 식물은 씨를 바람에 실려 보내는 것이 바로 '행운을 찾기를 빌며 떠나보낸다'는 의미일 수 있다.

그렇게 아무렇게나 날려 보낸 씨의 대부분은 돌 위에 떨어져서 죽고 조상이 되지 못한다. 그러나 과거를 돌아보는 모든 생물은 자기 부모로부터 멀리 떨어진 곳에서 삶을 시작한 덕분에 산불, 지진, 화산, 홍수 등 부모가 살던 고향을 예기치 않게 쑥대밭으로 만든 재앙을 피할 수 있었던 조상들을 적어도 일부 찾을 수 있을 것이 거의 확실하다. 식물이 씨를 그냥 주위에 떨구는 쉬운 길을 택하는 대신에 멀리까지 퍼뜨리고자 많은 투자를 하는 이유도 어느 정도는 이 때문이다. 동물도 마찬가지다. 그리고 이것이 바로 공중 부유 생물이 있는 이유 중 하나다.

고인이 된 내 동료이자 친구인 윌리엄 해밀턴William Hamilton은 다윈 이론에 탁월한 기여를 했다는 점으로 유명하다. 그를 20세기 후반 가장 위대한 다윈주의자라고 보는 사람도 있다. 선견지명이 담긴 그의 개념 중 상당수는 지금 전 세계 생물학자들에게 보편적으로 받아들여지고 있다. 내가 방금 설명하고자 시도한 이론은 그의 사소한 공헌 중 하나다. 그는 옥스퍼드 동료인 로버트 메이Robert May와 함께 그 이론을 수학 형식으로 제시했다. 호주인인 메이는 물리학자에서 생물학자로 전향

했고, 나중에 왕립협회 회장과 영국 정부의 수석 과학 고문을 역임했다. 그런데 빌* 해밀턴은 여전히 의심스러우면서 매우 터무니없게 들리기까지 하는 대담한 주장들도 내놓았다. 공중 플랑크톤에 관한 놀라운 주장도 그중 하나다.

그는 높은 대기에 있는 세균과 단세포 조류 같은 미생물이 비구름을 형성하는 씨앗이라는 개념을 제시했다. 그들이 멀리 떠갔다가 비가 되어 내리면 새로운 장소에서 새 생명을 시작하는 혜택이 있기에 그렇게 하도록 진화했다는 것이다. 검증하기가 어려운 개념이며, 진지하게 받아들이는 과학자가 많지 않다고 말하는 편이 공정하겠다. 나는 내치지 않겠다. 특히 내가 오래전에 (같은 제목의 책에서) '확장된 표현형extended phenotype'이라고 부른 것의 아주 탁월한 사례라고 볼 수 있어서. 빌은 시대를 훨씬 앞서갔고, 당대에는 으레 무시되곤 했던 그의 개념이 옳은 것으로 밝혀진 사례도 많았다. 그 개념은 그의 장례식 때 나온 한 감명적인 추도사에도 영감을 주었다.

먼저 배경을 이야기하자. 세상을 떠나기 몇 년 전에 빌은 '내가 구상한 장례식과 그 이유'라는 전형적인 별난 글을 두 가지 판본으로 발표했다.

---

* '윌리엄'의 애칭.

내가 남길 유산을 써서 내 시신을 브라질의 우림으로 보내 주기를. 기르는 닭을 안전하게 보호하는 식으로 주머니쥐와 독수리를 막을 조치를 취해 주기를. 그러면 커다란 쇠똥구리가 내 시신을 파먹을 것이다. 그들은 내 몸속을 파고들어서 내 살을 파먹으면서 살아갈 것이다. 그러면 그들의 자식들과 나의 자식들이라는 형태로 나는 죽음을 피할 것이다. 그 어떤 구더기에게도 어떤 더러운 파리에게도 먹히지 않은 채, 나는 커다란 뒤영벌처럼 해 질 녘에 붕붕 날아다닐 것이다. 나는 많은 몸이, 모터비이크 무리처럼 붕붕거리는 몸이 될 것이고, 별 아래 브라질의 우림을 날아다닐 것이다. 우리 등 위에 펼쳐진 이 아름다운 융합되지 않은 겉날개 아래로 날개를 치면서. 그리하여 마침내 나도 돌 밑의 보라딱정벌레처럼 빛나게 될 것이다.

우리 조문객들이 잿빛으로 가득한 흐린 날 오후에 아주 오랜 세월에 걸쳐서 뛰어난 생태 연구가 이루어진 곳인 옥스퍼드 인근 위텀숲 가장자리에 서 있는 동안, 빌이 무척 사랑한 이탈리아인 반려자 루이사 보치Luisa Bozzi는 흙을 덮지 않은 무덤 앞에 무릎

선견지명이 넘친 빌 해밀턴 ☞
우리 시대의 가장 위대한 다윈주의자

빌, 지금 당신의 몸은 위텀숲에 누워 있지만,
여기에서 당신은 다시금 당신이 사랑했던
숲으로 가게 될 거야. 딱정벌레로서만이 아니라,
바람에 실려서 대류권 높이 날아오를
수십억 개의 곰팡이와 조류 홀씨로도
살게 될 거야. 그리고 그 모든 당신은
구름을 형성할 것이고
오르락내리락하면서 대양을
건널 것이고, 이윽고 빗방울로
떨어져서 아마존 우림의
물과 하나가 될 거야.

을 긇고 슬퍼하면서 그의 시신에 말했다. 그녀는 브라질 숲에 갖다 놓으라는 그의 소망을 들어줄 수 없었던 이유를 말한 뒤, 이런 멋진 말을 했다.

빌, 지금 당신의 몸은 위팀숲에 누워 있지만, 여기에서 당신은 다시금 당신이 사랑했던 숲으로 가게 될 거야. 딱정벌레로서만이 아니라, 바람에 실려서 대류권 높이 날아오를 수십억 개의 곰팡이와 조류의 홑씨로도 살게 될 거야. 그리고 그 모든 당신은 구름을 형성할 것이고 오르락내리락하면서 대양을 건널 것이고, 이윽고 빗방울로 떨어져서 아마존 우림의 물과 하나가 될 거야.

안타깝게도 루이사 자신도 머지않아 세상을 떠났다. 그러나 그녀의 시적인 추도사는 빌의 무덤 옆 돌 벤치에 새겨졌다. 나는 종종 그랬던 것처럼, 그곳에 막 다녀온 참이다. 그는 평생의 연인이 보낸 멋진 작별 인사를 받아들였을 것이 확실하다. 아마 그래서 공중 플랑크톤이라는 씨앗으로 생긴 것이든 아니든 간에, 그날 구름의 가장자리가 밝게 빛났을 것이다.

CHAPTER 12

식물의 '날개'

'그녀는 날 사랑하지 않아'
민들레 씨는 아주 작아서 쉽게 날아오르며,
작은 낙하산을 펼쳐서 표면적을 늘린다.

12장

식물의 '날개'

파리지옥이나 민감한 식물인 미모사 같은 몇몇 사례를 제외하면, 식물은 근육에 상응하는 것이 없다. 움직이지 못한다. 그러나 식물은 씨를 퍼뜨리고, 같은 종의 개체들에게 꽃가루를 옮겨야 한다(11장 참조). 식물이 그 일들을 하기 위해 쓰는 주된 매체는 공기다. 식물은 공중을 날지 못하는 대신 다양한 간접적인 방식으로 비행에 상응하는 일을 한다. 그래서 이 책에서 따로 장으로 다룰 만하다.

  엉겅퀴와 민들레 등 많은 식물의 씨는 바람을 타고 사방으로 흩어진다. 이 씨들은 앞서 살펴본 비행 원리 중 몇 가지를 이용한다. 민들레나 엉겅퀴의 씨는 작으며, 표면적을 크게 넓히는 낙하산과 같은 작은 깃털, 즉 갓털 덕분에 아주 멀리까지 떠갈 수 있다. 단풍나무 씨는 더 크다. 그래서 여기에도 트레이드오프가 있다. 민들레 씨처럼 아주 작고 가벼운 씨는 영양소가 부족하다. 씨가 더 크면 영양소를 그만큼 많이 지니고 있어서 삶을 시작할 때

날개 달린 단풍나무 씨
잘 모르는 상태에서 보면, 곤충의 날개라고 생각할 수도 있지 않을까?

유리할 텐데 그럴 수가 없다. 단풍나무 씨는 다른 방식으로 타협을 이루었다. 씨가 덜 작은 대신에, 씨를 더 적게 맺는다. 영양소가 담긴 씨를 빽빽하게 만들려면 비용이 많이 든다. 그리고 단풍나무 씨는 운반하는 날개도 크지만, 그리 멀리까지 가지는 못한다. 이 날개는 사실상 곤충의 날개와 거의 똑같아 보인다. 물론 날개를 치는 것은 아니다. 대신에 이 날개는 바람에 실려 날아가 작은 장난감 헬기처럼 빙빙 돌면서 하강한다.

　단풍나무 씨는 작은 헬기처럼 행동하는 몇 안 되는 종류에 속한다. 하지만 아마 비행하는 씨 중에서 가장 장관을 이루는 것은 자바오이*Alsomitra macrocarpa*의 씨일 것이다. 이 식물의 열매는 박처럼 생겼는데, 익어서 갈라지면 그 안에서 아름다운 글라이더 모양의 씨들이 빠져나와서 날아다닌다. 각 글라이더는 씨를 중심

자바오이 씨

숲속에 나비처럼 날아내리다

으로 종잇상처럼 얇은 날개가 한 쌍 붙어 있는 모양이다. 이 씨는 열대의 나비처럼 우아하게 날아올랐다가 날아내리곤 한다. 한편 꼬투리에 스프링을 장착한 식물도 있다. 꼬투리가 터질 때 씨들은 고속으로 튀어서 날아간다. 세열유럽쥐손이의 씨는 날아간 뒤 끈처럼 생긴 '열매 자루'가 말렸다가 풀어졌다를 반복하면서 드릴처럼 땅을 파고 들어간다.

많은 식물은 새의 날개(그리고 포유동물의 다리)를 빌려서 씨를 멀리까지 운반한다. 우엉의 씨에는 찍찍이처럼 작은 갈고리가 달려 있어서, 동물의 털이나 깃털에 달라붙어서 다른 곳으로 운반된다. 맛있는 열매는 먹히도록 고안되어 있는데, 여기서 중요한 점은 먹는 동물을 기쁘게 하기 위해서가 아니라는 것이다. 씨는 창자를 통과하여 충분한 비료와 함께 배설되도록 고안되어 있다. 그러나 열매를 먹게 될 동물들이 식물에게 모두 똑같이 도움이 되는 것은 아니다. 새는 날개가 있기에 더 멀리까지 날아가서 배설을 할 가능성이 높으며, 따라서 식물에게 큰 도움이 될 수 있다. 벨라도나 열매가 대다수의 포유동물에게는 해롭지만, 새는 먹을 수 있는 이유가 이 때문일 수도 있다.

꽃가루도 퍼질 필요가 있다. 이유는? 근친 교배를 피하는 것이 중요하기 때문이다. 성sex이 정확히 왜 필요한지는 과학자들 사이에 논쟁이 심하다. 왜 대다수의 동물과 식물은 암수끼리 유전자를 섞는 것일까? 왜 진딧물과 대벌레 암컷처럼 하지 않는 것일까? 즉, 성가시게 수컷과 어울리거나 짝짓기를 할 필요 없이,

그냥 홀로 자신의 사본을 만드는 편이 더 낫지 않을까? 독자는 답이 명백하다고 생각할지 모르지만, 그렇지 않다고 장담한다. 이유가 무엇이든 간에 강력한 이유라는 것은 분명하다. 거의 모든 동식물은 비용과 시간이 아주 많이 드는데도, 짝짓기를 하기 때문이다. 그리고 자가 수정을 하면, 암수가 있는 목적에 어긋난다. 그 목적이 무엇이든 간에 말이다. 암컷 부위와 수컷 부위를 다 지닌 암수한그루까지 포함하여 식물이 꽃가루를 공중으로 날려서 다른 개체로 옮기려고 애를 쓰는 이유가 그 때문이다. 따라서 씨처럼 꽃가루도 날 필요가 있다.

꽃가루를 날게 하는 가장 단순한 방법은 그냥 바람에 흩날리게 하는 것이다. 꽃가루는 아주 작기에, 4장에서 말했듯이 산들바람에도 뜬다. 그러나 이 방법은 낭비가 조금 심하다. 바람에 날린 꽃가루가 적절한 암컷 부위, 즉 같은 종에 속한 다른 개체의 암술머리에 닿으려면 극도로 운이 좋아야 한다. 식물은 그 낮은 확률을 보완하기 위해서 수백만 개의 꽃가루를 마치 구름처럼 확 흩날린다. 많은 식물이 그렇게 하며, 이 방식은 꽤 잘 먹힌다.

그러나 낭비를 덜 하는 방식도 있다. 동일한 문제의 다른 해결책이 있지 않을까? 곧바로 독자의 상상 속에 떠오르는 개념이 있을 법도 하다. 식물은 꽃가루를 옮길 작은 비행기를 개발할 수도 있지 않을까? 날개 달린 소형 꽃마차 같은 것 말이다. 그 꽃마차에는 같은 종의 다른 개체를 검출할 감각 기관에 상응하는 무언가가 필요할 것이다. 그리고 날개를 조종하고 비행하는 꽃가루 운반체를 알맞은 표적으로 인도할 작은 뇌와 신경계에 해당하는 것도. 음, 그리 나쁜 생각이 아니며, 작동할 수도 있다. 하지만 굳이 그렇게 할 필요가 있을까? 공중에는 이미 작은 비행 장치들이 가득하다. 벌과 나비가 그렇다. 박쥐도 그렇다. 벌새도 그렇다. 그들은 이미 근육으로 추진되고, 뇌로 제어되고 완벽하세 작동하는 날개를 지니고, 표적을 찾을 수 있는 감각 기관을 갖추고 있다. 식물은 그저 그들을 이용할 방법, 즉 곤충을 꾀어서 꽃가루를 집게 한 뒤 필요한 곳으로 옮기게 할 방법을 찾아내면 된다.

아마 '이용'은 잘못된 단어일 것이다. 양쪽이 다 혜택을 보는 쪽으로 협력 관계를 맺으면 안 될까? 곤충에게 봉사의 대가를 어떻게 지불할까? 그들에게 비행 연료를 지불하면 된다. 바로 꿀이다.

물론 식물은 벌과 마주 앉아서 협상을 하는 것이 아니다. "내 꽃가루를 옮겨 주면 꿀을 줄게. 여기 서명해." 그게 아니라 다윈 자연 선택이 꿀을 만드는 유전적 성향을 지니게 된 식물을 선호함으로써 일이 진행된다. 꿀을 만드는 유전자는 꿀에 이끌려서 꽃을 찾은 벌을 통해 운반된 그 식물의 꽃가루를 통해서 다음 세대로 전달된다. 꿀은 만드는 데 비용이 많이 든다는 말을 덧붙여야겠다. 꽃은 자신이 고용한 날개에 후한 대가를 지불한다.

곤충은 의도를 갖고 꽃가루를 집어 드는 것이 아니다. 벌이 꿀을 빨 때 꽃가루가 몸에 달라붙는 것이다. 벌이 꿀을 더 먹기 위해 다른 꽃을 들르면 그 꽃가루가 암술머리에 달라붙는다. 물론 벌과 나비만이 아니다. 벌새도 꿀을 좋아하며, 벌새의 구대륙판인 태양새도 그렇다. 딱정벌레와 박쥐는 몇몇 식물의 꽃가루 매개자다. 날개를 지닌 동물은 모두 식물에게 날개를 빌려줄 가능성이 높다.

벌과 나비, 벌새 같은 동물들은 어떻게 꿀을 찾는 것일까? 자연 선택은 광고하는 식물을 선호한다. "여기 꿀이 있어. 와서 먹어." 꽃은 어느 정도는 향기로 유혹을 한다. 장미와 백합처럼 우리에게까지 매혹적으로 다가오는 향기를 풍기는 꽃도 많다. 물론 그렇지 않은 꽃들도 많다. 파리를 꾀는 쪽으로 진화한 꽃은 썩은 고기 같은 냄새를 풍긴다.

(01)

(02)

(03)

신화 속의 나르키소스는 자신의 모습을 보고 사랑에 빠진다

그는 자신과 같은 이름을 지닌 수선화Narcissus가 곤충과 목표한 표적에게
어떻게 보일지 생각해 보았을까? 수선화가 우리 눈에 보이는 모습(01), 우리
눈에 보이지 않는 자외선을 쬘 때 반점이 나타나는 모습(02), 정전기에 끌린
먼지로 뒤덮인 모습(03). 실제로 곤충은 수선화를 우리처럼 꽃잎 다섯 개가
있는 모습이 아니라, 스트로보스코프처럼 깜박거리는 모습으로 볼지도 모른다.

박쥐는 날개가 있으며 일부 박쥐는 꿀을 좋아한다. 따라서 밤에 꽃가루를 운반해 줄 박쥐 날개를 고용하는 쪽으로 진화한 식물이 있는 것도 놀랍지 않다. 그러나 박쥐는 빛이 아니라 음파를 써서 대상을 찾으므로, 눈이 아니라 귀에 호소하는 광고판에 해당하는 것이 있어야 한다. 쿠바 우림에 사는 덩굴 식물인 마르크그라비아 에베니아*Marcgravia evenia*는 잎이 접시 반사판 같은 모양이다. 이 접시 안테나는 여러 방향에서 오는 메아리를 반사하여 비추는 강력한 등대 역할을 한다. 메아리의 세계에 사는 박쥐에게 접시 모양의 잎은 환한 네온사인처럼 '빛날' 것이다.

흥미롭게도 꽃과 벌이 서로 상호 작용하여 가까이 있을 때 벌을 표적으로 인도하는 데 도움을 주는 전기장을 일으킨다는 증거가 있다. 정전기력이 수술에 있는 꽃가루를 벌의 몸에 달라붙게 하며, 벌의 몸에 붙은 꽃가루를 암술로 밀어낸다는 증거도 있다.

그러나 꽃이 꽃가루 매개자를 꾀는 주된 방식은 눈을 통하는 것이다. 곤충은 색각이 뛰어나다. 새도 마찬가지다. 둘 다 우리가 볼 수 없는 범위의 색깔인 자외선도 볼 수 있다는 점을 꽃은 이용한다. 많은 꽃은 자외선에서만 보이는 띠나 반점 무늬가 있다. 곤충은 빨간색을 볼 수 없지만, 새는 볼 수 있다. 따라서 새빨간 야생화를 본다면, 아마 그 꽃이 새를 꾀려고 한다고 추측하는 편이 맞을 것이다. 야생화로 가득한 풀밭은 벌과 나비를 유혹하는 피커딜리 서커스나 타임스 스퀘어나 다름없다. 화려한 색깔의 꽃잎은 풀밭의 네온사인이다. 정원사는 꽃의 색깔과 향기를 증진시켜

왔는데, 마치 자신이 거대한 벌인 양 선택 행위자 역할을 하는 셈이다.

벌, 나비, 벌새를 고용함으로써 식물은 꽃가루를 바람에 흩날리는 것보다 더 정확하게 표적으로 옮긴다. 벌은 꽃가루를 잔뜩 뒤집어쓴 채로 한 꽃에서 나와 다른 꽃으로 날아간다. 그러나 두 번째로 찾은 꽃이 같은 종이 아닐 수도 있다. 더 나은 방법은 없을까? 꽃가루가 확실하게 같은 종의 꽃으로 옮겨지도록 할 방법이 없을까? 곤충의 '문란함'을 줄이고 '꽃 정절'을 지키도록 할 방법이 없을까? 있다. 꽃은 다양한 방법으로 색깔을 이용한다. 한 종 내에서 꽃들은 대부분 같은 색깔을 띤다. 한 꽃을 막 들른 곤충은 같은 색깔의 꽃을 또 찾는 경향이 있다. 그러면 꽃가루가 엉뚱한 종의 꽃으로 전달될 가능성이 조금 줄어든다. 그러나 조금 줄어들 뿐이다. 다른 방법은 없을까?

긴 통의 바닥에 꿀을 쟁여 놓는 꽃들이 있다. 이 꿀은 혀가 아주 긴 곤충만이 먹을 수 있다. 또는 부리가 아주 긴 벌새만이 먹을 수 있다. 남아메리카의 칼부리벌새는 몸보다 부리가 더 길다. 어색할 만치 너무 길어서 부리로 몸에 있는 대부분의 깃털을 다듬을 수조차 없다. 그러니 꽤 불편할 것이 틀림없다. 아마 불편한 차원을 넘어설 것이다. 5장에서 살펴보았듯이, 새는 아주 많은 시간을 깃털을 다듬으면서 보낸다. 이는 깃털 다듬기가 생존에 아주 중요한 역할을 한다는 것을 시사한다. 날개 깃털을 다듬을 수 없는 새는 나는 데 지장이 생길 수도 있다. 그러니 벌새가 그렇

꽃가루 매개자의 정절을 확보하기 위한 극적인 조치

파시플로라 믹스타는 긴 통의 바닥에 꿀을 담고 있다. 그래서 칼부리벌새만이
꿀을 먹을 수 있고, 같은 종의 다른 꽃으로 꽃가루를 옮길 것이라고 '확신할' 수
있다. 즉, 이 꽃은 오로지 칼부리벌새의 날개만 고용한다.

"맙소사, 대체 어떤 곤충이 이 꿀을 빨 수 있을까요?"

답(비록 다윈은 생전에 보지 못했지만)은
크산토판 모르가니 프라이딕타임이다.

게 긴 부리를 갖게 되었다는 것은 그 진화 압력이 틀림없이 유달리 강했음을 뜻한다. 이 놀라운 칼부리벌새는 시계꽃 종류인 파시플로라 믹스타*Passiflora mixta*라는 꽃의 유달리 긴 꿀통과 공진화한 듯하다. 광고하는 듯한 분홍색 꽃잎들의 한가운데에 꿀이 든 통의 입구가 있다. 이 통은 아주 길어서 칼부리벌새만이 그 끝에 고인 꿀을 먹을 수 있다. 따라서 꽃은 칼부리벌새만 들를 것이라고 확신할 수 있고(무슨 뜻인지 알 것이다), 칼부리벌새가 같은 종의 다른 꽃으로 갈 것이라고 확신할 수 있다. 새와 꽃은 서로에게 충실한 협력자다. 따라서 꽃가루가 다른 종의 꽃으로 운반되어 낭비되는 일이 일어나지 않을 것이다.

아주 비슷한 사례에 해당하는 나방도 있다. 1862년 찰스 다윈이 난초에 관한 책을 쓰고 있을 때, 베이트먼*Bateman*이라는 사람이 난초 표본을 보냈다. 그중에는 마다가스카르에서 자라는 다윈난*Angraecum sesquipedale*도 있었다. 학명인 '세스퀴페달레*Sesquipedale*'는 길이가 45센티미터라는 뜻의 라틴어다. 이 난초는 유별난 꿀통을 지닌다. 학명에 적힌 길이만큼 실어실 수 있는 꿀통이다. 다윈은 친구인 식물학자 조지프 후커*Joseph Hooker*에게 보낸 편지에 이렇게 썼다. "맙소사, 대체 어떤 곤충이 이 꿀을 빨 수 있을까요?" 그런 뒤 그는 마다가스카르 어딘가에 이 난초의 꿀통 끝까지 닿는 긴 혀를 지닌 나방이 존재하는 것이 틀림없다고 대담한 예측을 했다. 다윈은 1882년에 세상을 떠났다. 25년 뒤 마다가스카르에서 한 곤충학자가 아프리카 나방인 크산토판 모르가니

*Xanthopan morganii*의 그 지역 아종을 발견했다. 이 나방은 혀 길이가 30센티미터에 달했다. 다윈의 예측이 들어맞은 것이다. 그래서 이 아종에는 크산토판 모르가니 프라이딕타*Xanthopan morganii praedicta*라는 이름이 붙었다.

일부 꽃, 특히 난초는 꽃가루를 옮겨 줄 곤충을 유혹하기 위해 극단적인 방법까지 쓴다. 진짜로 유혹한다는 뜻으로 쓴 말이다. 꿀벌난초는 벌처럼 보이며, 종마다 다른 종의 벌을 닮은 모습이다. 수벌은 속아서 이 꽃과 짝짓기를 시도한다. 이 헛된 시도를 하는 동안 꽃가루가 벌의 몸에 잔뜩 달라붙으며, 이후에 벌이 다른 꽃으로 가서 같은 시도를 함으로써 꽃가루를 옮긴다. 난초는 눈만 속이는 것이 아니다. 일부는 페로몬도 흉내 낸다. 페로몬은 곤충 암컷이 짝짓기를 하자고 수컷을 꾈 때 쓰는 강한 냄새를 풍기는 화학 물질이다. 파리를 흉내 내는 난초도 있다. 또 다양한 말벌을 흉내 내는 난초들도 있다. 곤충을 흉내 내는 난초는 꿀을 만들지 않는다. 꽃가루 매개자에게 대가를 지불하는 다른 꽃들과 달리, 곤충을 유혹하는 이런 난초들은 곤충을 속여서 공짜로 서비스를 받는다.

꽃가루를 바람에 날리는 것은 낭비다. 대부분의 꽃가루가 목적지에 다다르지 못하기 때문이다. 이 장에서 언급한 난초들은 그와 정반대 극단에 있다. 낭비를 최소화하면서 꽃가루를 옮기는 '기막힌 해결책'에 도달했다. 서호주에 사는 망치난초속의 열 종도 이 스펙트럼의 극단에 속할 기막힌 해결책을 채택했다. 이

열 종은 저마다 다른 말벌종을 꽃가루 매개자로 삼고 있기에, 엉뚱한 종의 꽃에 옮겨짐으로써 꽃가루가 낭비될 가능성이 아주 적다. 각 꽃은 '팔꿈치'로 연결되어 있는 '팔'의 끝에 가짜 말벌 암컷을 만든다. 또 해당 종의 말벌 암컷이 풍기는 유혹적인 냄새를 흉내 낸 화학 물질도 분비한다. 이런 말벌 종의 암컷은 날개가 없다. 대개 식물 줄기의 위쪽에서 기어 다니면서 냄새로 날개 달린 수컷을 꾄다. 다가온 수컷은 암컷을 움켜쥐고서 날아오르며, 공중에서 짝짓기를 한다. 수컷은 난초의 가짜 암컷을 상대로 같은 행동을 시도한다. '가짜 암컷'을 움켜쥐고서 함께 날아오르려 시도한다. 수컷은 미친 듯이 날개를 치면서 날아오르려 하지만, 가짜 암컷은 협조하지 않는다. '암컷'은 식물을 떠나려 하지 않는다. 대신에 난초 '팔'의 '팔꿈치'가 위로 휘어지면서 수컷은 꽃가루 덩이(난초는 꽃가루들이 뭉쳐서 꽃가루 덩이를 이루고 있다)에 반복해서 세게 부딪친다. 계속해서 부딪치면 꽃가루 덩이가 헐거워지면서 수컷의 등에 달라붙는다. 이윽고 그는 '암컷'을 떼어 내려는 시도를 포기하고, 다른 암컷과 운을 시험하고자 날아긴다(언제쯤 가짜인 줄 알아차릴까?). 이 드라마는 계속 반복된다. 수컷은 다시금 충돌을 되풀이하고, 이번에는 등에 있던 꽃가루 덩이가 떨어져서 암술머리에 달라붙는다. 꽃가루받이는 이루어지고, 말벌은 수고(그리고 아마도 고통)의 대가를 전혀 받지 못한다.

남아메리카와 중앙아메리카에 사는 바구니난초속도 기막힌 해결책을 쓴다. 이들의 꽃은 세상에서 가장 복잡한 것일 수도 있다. 이들은 공진화를 통해서 난초벌이라는 윤기 나는 녹색의 작은 벌 집단과 아주 긴밀한 관계를 맺게 되었다. 난초벌 수컷은 페로몬으로 암컷을 꾄다. 유달리 강한 성적 냄새 물질, 최음향이다. 그러나 수컷이 페로몬을 만들려면 도움을 받아야 한다. 난초는 난초벌 수컷을 위해 이 페로몬의 성분을 만든다. 일종의 왁스

망치난초, 모루에 꽃가루를 달고 있다
꽃가루가 제대로 운반되도록 하는 놀라울 만큼 정교한 장치.
말벌 수컷은 멋진 암컷을 발견했다고 '생각하고'서 껴안고 날려고 시도하다가
꽃가루 덩이에 부딪히고 만다. 같은 일이 계속 반복된다.

물질인데, 벌은 이 물질을 다리의 스펀지 같은 주머니에 모아 두었다가 나중에 암컷을 꾀는 데 쓴다. 벌은 난초에 들러서 최음제를 만들 왁스 물질을 모으다가 꽃의 '바구니'에 빠지곤 한다. 바구니 안에는 액체가 들어 있다. 수컷은 헤엄을 쳐서 바구니에서 빠져나오려 시도하는데, 빠져나갈 길이 좁은 통로 하나밖에 없다는 것을 알아차리게 된다. 그 통로로 빠져나오려고 애쓸 때 꽃가루 덩이 두 개가 등에 달라붙는다. 이윽고 수컷은 빠져나와서 꽃가루 덩이를 등에 붙인 채 날아오른다. 한 번 겪고서도 더 현명해지지 않은 수컷은 다른 꽃에 들렀다가 다시금 바구니에 떨어진다. 그리고 다시 꿈틀거리면서 통로를 빠져나오려고 기를 쓴다. 이번에는 등에 붙어 있던 꽃가루 덩이가 떨어지면서 꽃을 수분시킨다.

☞ **그런데** 이 양상이 어떻게 진화했느냐는 흥미로운 질문이다. 식물이 벌을 위해 페로몬의 주요 구성 요소를 만드는 양상 말이다. 나는 원래 벌의 조상이 스스로 페로몬을 만들었겠지만, 식물이 서서히 단계적으로 그 역할을 넘겨받았을 것이라고 추정한다.

그러나 기막힌 해결책의 궁극적인 형태로서 내가 추천하는 것은 무화과와 무화과말벌의 긴밀한 관계다. 나는 다른 책인『리처드 도킨스의 진화론 강의*Climbing Mount Improbable*』에서 한 장을 할애하여 그 이야기를 한 바 있다. 여기서는 무화과가 9백 종이 넘는데, 대부분의 무화과말벌종이 특정 종을 전담해 꽃가루를 옮긴다는 말만 하고 넘어가기로 하자. 진정으로 기막힌 해결책이다!

따라서 식물은 날개를 써서 자신의 DNA를 퍼뜨린다. 날개의 소유자가 날개를 써서 자신의 DNA를 퍼뜨리는 것과 마찬가지다. 그러나 식물의 날개는 빌린 날개다. 곤충, 새, 박쥐에게서 빌린(또는 고용한) 날개다. 익룡을 꽃가루 매개자로 삼은 꽃이 있있을지 궁금하다고? 나도 궁금하다. 답은 모르지만 그 질문을 좋아하며, 그럴 때 떠오르는 상상을 좋아한다. 그랬을 가능성도 있다. 백악기에 꽃식물이 진화했을 때 아직 익룡이 많이 살고 있었기 때문이다.

엄밀히 말하자면, 균류는 식물이 아니다. 별도로 존재하는 나름의 집단이며, 사실 식물보다 동물에 더 가깝다. 그러나 동물과 달리 움직이지 않으므로, 식물로 생각하는 것이 편하다. 그리고 움직이지 않으므로, 식물처럼 곤충의 날개를 빌리는 편리한 방법을 택하곤 한다. 균류에서 운반되는 것은 씨나 꽃가루가 아니라 홀씨다. 어둠 속에서 유령처럼 초록빛으로 빛나는 버섯이 있다. 빛은 아마도 홀씨를 퍼뜨릴 곤충을 꾀어내서 균류에게 혜택을 주는 듯하다.

진화한 비행 기계와 설계한 비행 기계의 차이

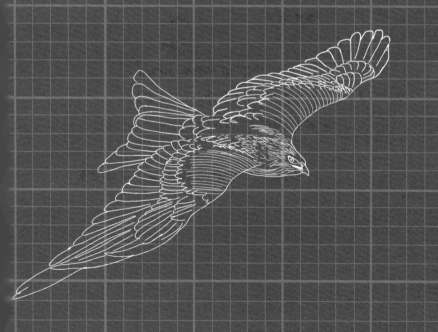

제도판 앞에서

위대한 진화학자 존 메이너드 스미스는 대학으로 돌아와서 생물학을
공부하겠다고 결심하기 전에, 항공기 설계사로 일했다.

13장

진화한 비행 기계와
설계한 비행 기계의 차이

이 책에서 우리는 이륙하여 하늘에 떠 있는, 즉 중력에 맞서는 방법을 약 여섯 가지(독자가 어떻게 세느냐에 따라서 달라지겠지만) 살펴보았다. 각 장마다 나는 가능한 한 인간이 설계한 비행 기계와 그에 상응하는 동물 비행자를 비교했다. 그러나 이륙에 능숙해지기까지의 과정은 양쪽이 근본적으로 다르다. 동물은 다음 세대로 갈수록 조금씩 나아지는 식으로, 수백만 년에 걸쳐서 점진적으로 개신되는 과정은 거쳐서 비행 기계가 되었다. 인간은 제도판에 점점 더 개선된 설계도를 그림으로써 더욱더 나은 비행기계를 만들었으며, 이 과정은 수백만 년이 아니라 겨우 수 년 또는 수십 년만에 이루어졌다. 양쪽의 최종 산물은 비슷할 때가 많다(해결해야 할 문제가 동일하므로, 즉 동일한 물리학이므로 놀랄 일은 아니다). 양쪽이 너무나 비슷하기에, 내가 양쪽이 거의 동일한 방식으로 출현했다는 잘못된 인상을 심어 주었을 수도 있다. 그러니 이제 그 실수를 바로잡기로 하자.

비행 기계가 실속하지 않게 하는 방법을 찾는 등 어떤 문제에 직면했을 때, 이렇게 생각하는 것이 편리하다. "이 문제를 어떤 식으로 풀면 좋을까?" 인간이 만든 항공기라면, 설계공학자들은 정말로 이런 식으로 생각한다. 그들은 문제를 간파한다. 날개 스탯 등 그 문제의 가능한 해결책들을 상상한다. 착상한 것들을 제도판에 스케치하고, 아마 칠판이나 그래픽 소프트웨어를 띄운 컴퓨터 화면을 보면서 의견을 모으기도 할 것이다. 시제품이나 축소 모형을 만들어서 풍동 실험도 할 것이다. 그런 과정을 거쳐서 해결책이 도출되면, 이윽고 제품 생산에 나설 것이다. 이 연구 개발 과정 전체는 기껏해야 몇 년이면 끝난다.

동물 쪽은 상황이 다르며, 일이 훨씬 느리게 진행된다. 연구 개발 과정—그렇게 부를 수 있다면—은 수백만 년 동안 기나긴 세대를 거치면서 이루어진다. 거기에는 어떤 생각도, 탁월한 착상도, 깊이 생각한 끝에 나오는 독창성도, 창의적인 발명도 개입되지 않는다. 제도판도, 의견을 모으는 공학자도, 시제품이나 축소 모형의 풍동 실험도 없다. 그저 집단의 일부 개체가 무작위적 유전적 행운(유전자의 돌연변이와 성적 재조합)으로 평균보다 비행을 조금 더 잘하게 되는 것일 뿐이다. 아마 한 돌연변이 유전자는 매의 속도를 조금 더 높일 수 있을 것이다. 이 유전자를 지닌 매는 먹이를 조금 더 잘 잡을 가능성이 있다. 돌연변이 찌르레기는 포식자를 휙 피하는 것과 먹히는 것의 차이, 즉 생사의 차이를 낳는 기동력이 같은 무리의 경쟁자들보다 조금 더 뛰어날 수 있다. 한 찌르레기가 '느린 비행 유전자' 때문에 잡아먹힌다면, 그 유전자도 잡아먹히고 다음 세대로 전달되지 않는다. 또는 날개 모양을 미묘하게 다르게 함으로써, 다른 개체들보다 실속이 일어날 가능성이 조금 낮은 유전형도 있을 수 있다. 그런 개체는 살아남아서 번식할 가능성이 조금 높아지며, 다른 개체들보다 좀 더 나은 비행자로 만들어 주는 유전자를 후대로 넘길 가능성이 높아진다. 느리게, 서서히, 세대를 거치면서, 비행을 잘하는 유전자는 집단 내에서 점점 더 늘어난다. 비행을 못하는 유전자는 그 유전자를 지닌 개체들이 죽거나 번식에 실패할 가능성이 더 높기에, 수가 계속 줄어든다.

집단의 다른 많은 유전자에서도 줄곧 같은 일이 일어나며, 각각은 나름의 방식으로 비행에 영향을 미친다. 그렇게 수많은 세대 동안 수백만 년에 걸쳐서 집단에 좋은 비행 유전자들이 쌓인 뒤에, 우리는 무엇을 보게 될까? 우리는 아주 뛰어난 비행자 집단을 본다. 실속 방지 장치를 포함하여 온갖 미묘한 부분까지 갖추고, 소용돌이와 상승 기류 등 온갖 세세한 부분들에 맞추어서 날개 모양을 조정하는 민감한 근육 신경 제어 장치를 포함하고, 조금 덜 지치면서 더 효율적인 날개 근육을 지닌 비행자들이다. 날개와 꼬리는 인간 공학자가 제도판에서 설계를 하고 풍동 실험을 통해 완성한 듯, 모든 세세한 측면에 이르기까지 알맞은 모양과 크기를 지니도록 진화했다.

인간의 설계와 진화적 설계의 최종 산물은 양쪽 다 아주 좋으며, 매우 잘 날기에 우리는 두 개선 과정이 얼마나 다른지를 그냥 편리하게 잊곤 한다. 이 망각은 우리가 쓰는 언어에서도 드러난다. 독자는 이 책에서 내가 일종의 축약 언어를 써 왔다는 점을 눈치챘을 수도 있다. 나는 새와 박쥐, 익룡과 곤충이 우리 인간 공학자들이 하는 것과 동일한 방식으로 비행의 문제를 풀기 시작했다고 썼다. 마치 다윈 자연 선택이 아니라 새 자신이 문제를 푼다는 식으로 말이다. 이 축약 언어는 정말 짧기 때문에 어느 정도는 편리하다. 매번 자연 선택이 어떻게 작용하는지를 상세히 설명하는 것보다 더 짧게 끝낼 수 있다. 또 독자와 내가 인간이고, 인간으로서 어떤 문제에 직면한다는 것이 어떤 것이고 그 문제의 해답을 상상한다는 것이 어떤 것인지를 알기 때문에 편리하다.

여기에서 우리는 진화와 인간의 설계 사이의 유사성이 거기에서 그치지 않는다고 주장하고 싶은 유혹을 느낀다. 우리는 공학자의 새로운 착상, 이를테면 실속 방지 장치에 대한 착상이 돌연변이와 흡사한 것이 아닐까 생각할 수도 있다. 이런 '착상 돌연변이'는 자연 선택 같은 것을 받게 된다. 작동하지 않으리라는 것을 창안자가 금방 깨달으면, 그 착상은 곧바로 죽을 수도 있다. 또는 시제품 단계까지 갔다가 예비 검사나 컴퓨터 시뮬레이션, 풍동 실험을 통해 실패임이 드러나서 거부당해 죽을 수도 있다. 풍동 실험에서 실패한다면 비교적 무해하다. 아무도 죽지 않는다. 동물 비행자의 자연 선택은 더 잔혹하다. 실패는 말 그대로 죽음을 의미한다. 반드시 치명적인 추락을 의미하는 것은 아니지만, 아마 결함 있는 설계는 포식자를 피하는 속도가 더 느릴 것이다. 또는 날면서 먹이를 잡는 능력이 조금 떨어짐으로써, 굶어 죽을 가능성이 높을 것이다. 진화는 풍동 실험을 통한 시행착오 같은 죽음의 온건한 대체물을 지니고 있지 않다. 실패는 진정으로 실패를 의미한다. 죽음이나 적어도 번식 실패를 뜻한다.

잠깐만. 다시 생각해 보니, 많은 종의 새들이 어릴 때 비행 연습을 한다는 것이 방금 떠올랐다. 일종의 놀이라고도 볼 수 있다. 새들은 충분히 연습을 한 뒤에야 비로소 진지하게 하늘로 날아오른다. 풍동 실험의 조류판이라고 할 수 있다. 치명적이지 않은 시행착오. 이런 연습은 날개 근육을 강화하는 동시에 아마 어린 새의 신체 조정 능력과 기술도 향상시킬 것이다. 많은 조류 종의 새끼는 연습처럼 보이는 행동을 하는 것이 목격되곤 한다. 날개를 파닥거리면서 부산하게 위아래로 뜀뛰기를 한다. 비행 근육을 키우는 동시에 비행 기술을 갈고닦는 것이 틀림없다.

여기 진화적 설계와 공학적 설계의 또 다른 차이가 있다(판점에 따라서는 같은 차이의 또 다른 측면일 수도 있다). 공학자는 새로

완벽함은 연습에서 나온다 ☞

흰올빼미 부모(어미가 아비보다 더 크다)는 새끼의 비행 연습을 지켜본다.

운 설계를 생각할 때, 제도판에 제도지를 깔고 새로 시작할 수 있다. 프랭크 휘틀Frank Whittle(제트 엔진의 발명자로 거론되는 인물 중 한 명)은 기존 프로펠러 엔진을 토대로 조금씩, 하나하나, 이렇게 저렇게 변형해서 제트 엔진을 만든 것이 아니었다. 휘틀이 프로펠러 엔진을 이리저리 하나하나 뚝딱뚝딱 변형하는 식으로 만들었다면, 최초의 제트 엔진이 땜질 투성이에 얼마나 볼품없었을지 상상해 보라. 하지만 아니었다. 그는 완전히 새로운 착상을 떠올리면서 새 제도지에 처음부터 새로 그리는 쪽을 택했다. 진화는 그런 식이 아니다. 진화는 기존의 설계를 조금씩 하나하나 변형하는 식으로 이루어진다. 그리고 변형의 모든 단계에서, 각 생물은 적어도 번식할 수 있는 나이가 될 때까지 살아남아야 한다.

한편, 진화가 언제나 동일한 목적을 지닌 기존 기관을 땜질해 쓰는 것은 아니다. 우리 비유를 계속 이어가자면, 프랭크 휘틀의 진화 판본은 프로펠러 엔진을 하나하나 뜯어고쳐서 써야 하는 운명에 처하지 않았다고 할 수 있다. 그는 날개의 불룩한 부분 같은 기존 항공기의 어떤 부품을 변형할 수도 있을 것이다. 그러나 진화는 인간 공학자처럼 새 제도지를 깔고서 아예 새로 시작할 수는 없다. 살아 숨 쉬는 기존 동물의 어떤 부위에서 시작해야 한다. 그리고 그 뒤의 모든 중간 단계들도 적어도 번식할 만큼 오래 생존하는, 살아 숨 쉬는 동물이어야 한다. 한 예로 우리는 잠시 뒤에 곤충의 날개가 원시적인 날개가 아니라 햇볕을 쬐기 위한 변형된 태양 전지판으로 시작했을 수도 있다는 주장을 살펴볼 것이다.

　인간의 기술에서 혁신이 어떻게 출현하는지를 서로 다른 식으로 설명하는 두 학파가 있다. 이렇게 말하니, 현대 진화론에도 두 학파가 있다는 것이 생각난다. 인류의 기술 쪽에서는 '고독한 천재 이론lone genius theory'이 있다. 그리고 내 친구인 매트 리들리 Matt Ridley가 『혁신은 어떻게 이루어지는가How Innovation Works』에서 옹호한 '점진적 진화gradual evolution' 이론이 있다. 고독한 천재 이론은 프랭크 휘틀이 갑자기 등장하기 전까지 누구도 제트 추진이라는 개념을 떠올린 적이 없었다고 말한다. 하지만 앞에서 그가 제트 엔진의 발명가로 거론되는 몇 명 중 하나라고 조심스럽게 말했다는 점을 눈치챘는지? 휘틀은 1930년에 그 개념의 특허를 받았고, 1937년에 처음으로 작동하는 엔진(비행기에 장착된 것이 아니라)을 내놓았다. 그런데 독일 기술자 한스 폰 오하인Hans von Ohain도 1936년에 특허를 출원했고, 오하인 엔진을 장착한 최초의 제트기인 하인켈 He 178기를 실제로 날리는 데 성공했다. 휘틀의 엔진을 장착한 글로스터 E38/39기는 그로부터 2년 뒤인 1939년에 하늘을 날았다. 그들은 제2차 세계 대전 이후에 만났는데, 오하인이 휘틀에게 이렇게 말했다. "당신네 정부가 더 일찍 당신을 지원했다면, 영국 본토 항공전은 일어나지 않았을 겁니다." 오하인이 휘틀의 특허를 보았는지 여부는 불분명하다. 그런데 사실 1921년에 프랑스 기술자 막심 기욤Maxime Guillaume도 제트 엔진의 특허를 받은 바 있다(휘틀은 전혀 몰랐다). 아무튼 내가 여기서 말하고자 하는 바는 휘틀도 오하인도, 심지어 기욤조차도 그 개념을 맨 처음 떠올린 사람이 아니었다는 것이다. 즉, 고독한 천재 이론은 틀렸다. 많든 적든 제트 엔진을 닮은 발명들의 역사는 길다. 로켓은 10세기 중국에서 무기로 쓰였다. 1633년 오토만 제국에서는 심지어 사람이 로켓을 타고 날기도 했다. 잠깐이긴 했지만. 라가리 하산 첼레비Lagâri Hasan Çelebi는 화약으로 추진되는 '7날개' 로켓에 매달려서 톱카피 궁전에서 보스포루스 해협 위로 날아갔다고 한다. 날아가던 도중에 그는 로켓에서 바다로 떨어졌고, 헤엄쳐서 해안으로 올라왔다. 술탄은 그의 대담한 성취를 축하하면서 황금을 하사했다.

리들리는 이런 사례들을 잇달아 제시한다. 증기 기관, 터빈, 백신 접종, 항생제, 수세식 화장실, 전구, 컴퓨터 등등. 이 모든 사례들은 고독한 천재 이론이 틀렸음을 폭로한다. 미국인에게 전구를 발명한 사람이 누구냐고 묻는다면, 토머스 에디슨Thomas Edison이라고 답할 것이다. 영국인에게 묻는다면 조지프 스완 Joseph Swan이라고 답한다. 리들리는 세계 각국에서 전구를 발명했다고 주장할 수 있는 사람이 사실상 스물한 명이라고 지적한다. 에디슨은 갖은 고생을 한 끝에 사람들이 실제로 상점에서 살 수 있는 제품을 개발했다는 영예를 얻을 자격이 있다. 그러나 전구는 어느 한 천재가 발명한 것이 아니라, 진화한 것이다. 물론 유전적으로가 아니라, 마음에서 마음으로 전달되면서다. 한 단계, 한 단계 힘든 노력을 거치면서 서서히 완성된 것이다. 그리고 물론 진화는 멈추지 않았다. 에디슨의 시대 이후로도 계속 개선되어 왔으며, 지금 우리는 모든 면에서 더 뛰어난 LED 전구를 쓰고 있다. 기술은 단계적으로 진화한다. 아마 디지털 컴퓨터만큼 극적인 발전을 보여 주는 사례는 없을 것이다. 올해의 모델이 제 역할을 하기도 전에 내년에 더 나은(그리고 더 저렴한) 모델이 나올 만치 빠르게 진화하고 있다.

비행기는 누가 발명했을까? 라이트 형제다. 그렇다, 그들이 동력 추진을 써서 인간 조종사를 처음으로 하늘에 띄웠을 수 있다. 그러나 글라이더는 훨씬 더 이전에 나왔다. 라이트 형제는 오랜 기간에 걸쳐서 글라이더로 다양한 실험을 했기에, 글라이더를 잘 알고 있었다. 그들이 오랜 기간에 걸쳐서 글라이더를 뚝딱뚝딱 이렇게 저렇게 손본 뒤, 프로펠러와 내연 기관을 붙여 이륙시켰다고 말할 수도 있을 것이다. 그러나 그렇게 요약하면 전문 지식을 쌓으면서 인내심을 갖고 뚝딱거린 기나긴 과정이 생략된다. 그들은 풍동을 만들어서 실험을 했고, 그럼으로써 세세한 부분을 완성하는 데 상당한 도움을 받았을 것이다. 1903년 12월 17일 오빌 라이트Orville Wright의 첫 비행은 겨우 12초 동안 지속되었고, 시속 11킬로미터로 37미터를 날았다. 그렇다고 해서 라이트 형제의 영예가 빛이 바래는 것은 아니다. 그것은 엄청난 성취였다(그리고 그들이 해낼 것을 믿지 못하고 코웃음 치던 회의주의자들의 코를 충분히 납작하게 만들었다). 하지만 고독한 천재 이론은 이 사례에 들어맞지 않는다. 비행기는 글라이더를 토대로 서서히 진

라이트 형제

최초의 동력 비행. '날개
비틀기'를 썼다는 점에
주목하자. 비행 표면을 제어하는
라이트 형제의 독창적인
방식이었다. 현대 항공기는
쓰지 않지만, 새는 이와 비슷한
방식을 쓴다고 말할 수 있다.

화했으며, 꾸준히 진화한 끝에 조기의 쌍엽기를 거쳐서 날렵하고 빠르고 우아한 현대 여객기로 이어졌다.

나는 돌연변이 매와 돌연변이 찌르레기가 더 잘 날았기에 생존에 보다 유리했다고 말했다. 그러나 이 말은 개선이 이루어지려면 알맞은 돌연변이가 나타날 때까지 기다려야 한다는 것처럼 들린다. 알맞은 '고독한 천재'가 나타나기를 기다리는 것과 비슷하게 말이다. 그러나 그것은 진화가 이루어지는 방식이 아니다. 인류의 혁신이 반드시 고독한 천재를 기다려야 하는 게 아닌 것과 마찬가지다. 진화에서 새로운 '착상'의 궁극적인 원천이 돌연변이임은 분명하다. 그러나 유성 생식은 유전자들을 뒤섞어서 많은 새로운 조합을 만들어 내며, 그것들은 자연 선택의 대상이 된다. 공학자의 착상처럼, 유전자도 뒤섞이고 재조합된 뒤에 검사를 받는다. 탁월한 돌연변이(즉, 고독한 천재)가 출현할 때까지 마냥 기다리는 것이 아니다.

CHAPTER 14

반쪽짜리 날개는
어디에
쓸모가 있을까?

숲의 날도마뱀

척추동물의 뼈대는 활공 표면을 빳빳하게 만드는 다양한 방법을 제공한다.
'날도마뱀'은 피부막 안에 있는 갈비뼈를 펼친다. 이 날도마뱀은 멀리 떨어진
나무줄기의 아래쪽에 막 사뿐히 내려앉고 있다.

14장

반쪽짜리 날개는
어디에 쓸모가 있을까?

압도적인 증거가 있음에도, 여전히 진화를 믿지 않는 이들도 있다. 그들은 새와 박쥐의 날개가 비행기의 날개처럼 의도를 가지고 일종의 어떤 초자연적인 공학자가 설계한 창의적인 산물이라고 믿고 싶어 한다. 그렇게 믿는 이들을 창조론자라고 한다. 나름 좋은 대학교에서는 그들을 보지 못할 것이다. 그러나 교육 수준이 조금 낮은 곳에서 그런 이들이 많이 있다.

창조론자들이 선호하는 주장 중 하나는 내가 앞장에서 언급한 시항에 초점을 맞춘다. 진화가 어떤 문제에서 최선의 해결책으로 곧바로 나아가는 대신에, 이미 있는 것에서 시작하여 이리저리 고치면서 서서히 단계적으로 나아가야 한다는 것 말이다. 그리고 날개의 경우에는, 창조론자들은 이 장의 제목으로 삼은 질문을 던지며 주장을 펼친다. "반쪽짜리 날개가 어디에 쓸모가 있을까?" 그들은 완전히 발달한 날개는 아주 유용하다고 말한다. 하지만 날개 달린 동물이 날개 없는 동물로부터 진화해야 했다면, 중간 단계들도 어떤 이점이 있었어야 할 것이다. 10분의 1, 4분의 1, 4분의 2, 4분의 3의 날개도 이점을 지녔을까? 반쪽짜리 날개를 지닌 조상은 날았다가 땅에 그냥 추락하지 않았을까? 설령 치명적인 사고를 당하지 않았다고 해도, 적어도 꼴사나워 보이지 않았을까? 진화가 이루어지려면, 제대로 된 날개에 도달하는 사다리의 모든 단계가 이전 단계보다 더 나아야 한다. 점진적인 개선의 비탈길을 이루어야 한다. 불완전한 날개를 지닌 모든 중간 단계의 동물들이 살아남았어야 한다. 그리고 그들은 아주 조금 더 불완전한 날개를 지닌 경쟁자들보다 잘 살아남았어야 한다. 창조론자들은 중간 단계의 동물들이 살아남지 못했을 것이라고 말한다. 점진적인 개선 같은 것은 이루어질 리가 없다고 단언한다. "반쪽짜리 날개를 어디에 써먹겠어?"

과학자들은 이 도전에 어떻게 답할까? 사실 유치할 만치 쉽다. 앞에서 다룬 낙하산과 활공을 떠올려 보라. 날다람쥐와 그에 상응하는 호주의 유대류인 유대하늘다람쥐를 떠올려 보라. 네 다리와 꼬리 사이에 펼쳐지는 피부막을 낙하산으로 삼는 콜루고도 함께. 세계의 숲, 특히 동남아시아의 숲에는 이런 멋진 활공자가 훨씬 더 많이 산다. 날도마뱀(학명에 포함된 '드라코*Draco*'는 실제로 용을 뜻한다)은 날다람쥐처럼 피부로 된 비막이 있다. 하지만 네 다리를 쫙 뻗어서 비막을 펼치는 것이 아니다. 대신에 갈비뼈가 양옆으로 뻗어 나와서 좌우의 섬세한 피부막을 지탱한다. 진화가 새 제도지를 깔고서 새롭게 시작하는 것이 아니라, 이미 있는 것

날개구리

'날개구리'는 발가락을 쫙 펼쳐서
물갈퀴로 공기를 받는다.

을 활용한다고 한 말을 기억하는지? 같은 숲에는 '날아다니는' 뱀
도 산다. 날뱀은 갈비뼈 사이에 펼쳐지는 날개 같은 것이 없다(그
리고 모든 뱀이 그렇듯이 다리 자체가 없다). 하지만 이들은 갈비뼈
를 양옆으로 내밀어서 몸 전체를 충분히 납작하게 만들 수 있다.
그러면 몸의 단면이 비행기의 날개 단면 같은 곡선을 이룸으로
써, 낙하산 효과를 낸다. 아마 베르누이 원리의 도움도 조금 받을
듯하다. 이들은 한 나무에서 30미터 떨어진 나무까지 활공할 수
있다. 마찬가지로 날아가는 내내 천천히 하강하지만, 나름 조종
을 한다. 이들은 땅이나 물에서 나아갈 때와 똑같은 물결 운동을
함으로써 공중을 헤엄쳐 나아가는 듯이 보인다. 그리고 이 숲에

는 활공하는 개구리도 산다. 이들의 막은 다리나 갈비뼈 사이가 아니라, 네 발의 쫙 펼쳐진 발가락 사이에 있다. 이런 활공자들은 모두 새나 박쥐처럼 제대로 날지는 못한다. 이들의 비행 표면은 완전히 진화한 날개가 아니다. 낙하산에 더 가깝다. 즉, 이들은 낙하 시간을 늘린다. 어떻게 이처럼 진화했을까?

이 모든 낙하산 하강 동물들은 숲에 산다. 숲 군집 전체를 먹여 살리는 잎에 햇빛이 닿는 높은 수관 쪽이 거주 지역이다. 다람쥐는 이 높은 공중 초원을 쪼르르 돌아다니다가, 이따금 이 가지에서 저 가시로 건너뛴다. 다람쥐의 꼬리는 용도가 다양하다. 탁탁 튀겨서 다른 다람쥐에게 신호를 보내는 데에도 쓰인다. 나무에서 달리거나 뛸 때 균형을 잡도록 도와주기도 한다. 내가 알기로, 다람쥐는 비가 올 때 꼬리를 우산으로 쓰기도 한다. 또 사막의 다람쥐는 꼬리를 햇빛 가리개로 쓴다. 그리고 6장에서 살펴보았듯이, 꼬리의 복슬복슬한 표면은 공기를 받아, 꼬리가 없을 때보다 조금 더 멀리 뛸 수 있도록 돕는다.

이러한 사실이 왜 중요할까? 다람쥐가 도달하고자 한 나뭇가지에 조금 못 미친다면, 추락해서 심하게 다칠 수도 있다. 다람쥐는 꼬리 없이 도약할 수 있는 한계 거리가 틀림없이 있을 것이다. 그 거리가 얼마든 간에, 약간 복슬복슬한 꼬리는 그보다 조금 더 멀리 뛸 수 있도록 해 준다. '조금'이 얼마나 될까? 단 몇 센티미터에 불과하다고 할지라도, 복슬복슬한 꼬리를 지닌 개체에게 이점을 제공할 만큼은 될 것이다. 그리고 위쪽 수관의 어딘가에서 조금 더 복슬복슬한 꼬리를 지닌 다람쥐가 뛰어서 간신히 도달할 수 있는 한계 거리는 보다 더 길 것이다. 그런 식으로 좀 더 복슬복슬한 꼬리를 지닌 다람쥐는 더 멀리 뛸 수 있다. 숲에서 나뭇가지들 사이의 거리는 아주 다양하다. 그러니 현재 어떤 꼬리를 지닌 다람쥐가 얼마나 멀리 뛸 수 있든지 간에, 나무 위쪽 어딘가에서는 조금 더 복슬복슬하거나 조금 더 긴 꼬리를 지니고만 있다면, 다다를 수 있는 거리가 언제나 있기 마련이다. 조금 더 나은 꼬리를 지닌 다음 세대의 개체는 도중에 추락할 가능성이 적고 생존할 가능성이 더욱더 높으며, 그 나은 꼬리를 만드는 유전자를 다음 세대에 물려줄 가능성도 높다.

이미 6장에서 살펴보았기에, 우리는 이 논리가 어디로 향할지 안다. 요점은 복슬복슬한 꼬리를 지니고 있으면 다 되고, 지니고 있지 않으면 아무것도 못 한다는 것이 아니다. 크기와 복슬복슬함이 어느 정도이든 간에, 그 꼬리로는 도약했을 때 조금 못 미치는 거리가 있기 마련이다. 그런데 꼬리가 조금만 더 크거나 복슬복슬하다면 그 못 미치는 거리에 있는 나뭇가지에 다다를 수 있을 것이다. 따라서 개선은 매끄러운 비탈을 이룬다. 우리의 진화 논리에 필요한 것이 바로 그 비

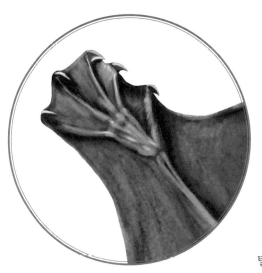

**이것이 박쥐의
출발점이었을까?**

콜루고의 손가락에는
물갈퀴가 달려 있다.
하지만 이 물갈퀴는 넓은
비막 중 아주 작은 부분을
차지한다. 콜루고에서
박쥐로 넘어가려면 손가락이
길어지기만 하면 된다.

탈이다.

복슬복슬한 꼬리는 한 쌍
의 날개와 다르다. 날다람쥐나 콜루
고의 비막 같은 낙하산도 아니다. 하지만 독자는 이 논리가 어떻
게 이어질지 쉽게 알 수 있다. 모든 다람쥐는 겨드랑이 밑의 피부
가 조금 헐겁다. 이 헐거운 피부는 체중을 그다지 늘리지 않으면
서 다람쥐의 표면적을 조금 늘릴 것이다. 이 피부막은 복슬복슬
한 꼬리처럼 작용하겠지만, 다람쥐가 추락하지 않고 뛸 수 있는
거리를 조금 늘리는 데 더욱 효과적일 것이다. 숲에 있는 나뭇가
지들 사이의 거리는 일종의 연속 스펙트럼을 이룬다. 어떤 다람
쥐가 얼마나 뛸 수 있든지 간에, 다른 다람쥐가 피부막의 표면적
이 더 넓어서 그만큼 멀리 뛸 수 있는 덕분에 다다를 수 있는 가지
도 얼마든지 있을 것이다. 따라서 우리는 여기서 또 다른 개선의
매끄러운 비탈이 시작되는 것을 본다. 우리의 진화 논리에 필요

한 것은 그것뿐이다. 이 비탈의 끝에는 완전한 비막을 갖춘 날다람쥐나 유대하늘다람쥐, 콜루고가 있을 것이다.

'비탈의 끝'이라고? 거기에서 멈춰야 할 이유가 있을까? 날다람쥐와 콜루고는 낙하산을 펴고 활공할 때 다리를 움직여 활공 방향을 제어할 수 있다. 거기에서 조금 더 나아가서 팔을 반복해서 더 격렬하게 움직일 수도 있지 않을까? 날개 치는 운동이 될 때까지? 처음에 날갯짓은 하향 활공을 겨우 조금 연장할 것이다. 그러나 그 뒤에 어떻게 이 연장이 원하는 만큼 지속될 수 있는지는 쉽게 짐작할 수 있지 않을까? 서서히, 단계적으로다. 박쥐도 이런 식으로 출현했을 수 있지 않을까?

공교롭게도 박쥐가 처음에 어떻게 이륙했는지를 알려 줄 유용한 화석은 없지만, 설득력 있는 비탈을 상상하기란 어렵지 않다. 콜루고의 비막은 대부분

손가락 조각하기
우리 모두는 태아 때 손가락
사이에 물갈퀴가 있었다.
그리고 일부는 물갈퀴를
지닌 채로 태어나기도 한다.

주된 다리뼈와 꼬리 사이에 걸쳐 있다. 그러나 짧은 손가락 사이에도 뻗어 있다. 오리나 해달처럼 물에 사는 조류와 포유류는 흔히 발에 물갈퀴가 나 있다. 사람도 손가락 사이에 물갈퀴가 조금 난 상태로 태어나는 아기가 가끔 있다. 이런 일이 일어나는 것은 배아 발생 때 나타나는 세포 자연사, 즉 '세포 예정사'라는 현상과 관련이 있다. 사람의 배아를 포함하여 배아가 발달할 때, 넓게 펼쳐진 조직에서 사이사이가 깎여 나가면서 마치 조각되듯 손가락이 만들어지기 시작한다. 세포들은 면밀하게 미리 정해진 방식으로 죽어 나간다. 세포 예정사는 배아를 조각하는 데 쓰이는 비법 중 하나다. 모든 포유류는 자궁에 있을 때 손가락에 물갈퀴가 달려 있으며, 나중에 물갈퀴를 이루는 세포들이 죽어 사라진다. 수달처럼 헤엄치기 위해 물갈퀴가 필요한 수생 동물들은 예외다. 박쥐도 그렇다. 나는 데 필요하기 때문이다. 그리고 방금 말한 물갈퀴를 지니고 태어나는 사람들은 세포 자연사가 충분히 진행되지 않은 것이다.

콜루고는 손가락이 짧다. 하지만 우리는 콜루고의 조상과 같은 어떤 동물이 진화할 때 물갈퀴가 달린 손가락이 서서히 길어질 수 있다는 것을 어렵지 않게 떠올릴 수 있다. 그러면 이윽고 박쥐가 될 수 있을 것이다. 콜루고는 다른 어떤 포유동물과도 유연관계가 가깝지 않은 동떨어진 집단이다. 그나마 그들과 가장 가까운 현생 집단은 영장류이며, 그다음이 박쥐다. 설령 그들이 박쥐의 친척이 아니라고 할지라도, 내가 제시한 논리는 여전히 타당할 것이다. 박쥐의 조상에게 비막에 이어서 날개를 진화시키는 일은 어렵기는커녕 쉬웠을 것이다. 세포 자연사를 억제하고, 팔뼈보다 손가락뼈가 더 길어지기만 하면 된다. 그리고 이 진행 과정을 추진하는 선택압은 아주 쉽게 재구성할 수 있다. 서서히, 비행 표면의 모양을 더 민감하게 제어할 수 있도록 물갈퀴 달린 손가락을 1센티미터씩 늘려, 비행 거리를 역시 1센티미터씩 증가시키는 것이다. 그런 뒤에 날갯짓을 통해서 제어와 비행 거리를 개선하면, 진정한 비행에 도달하게 된다.

여기서 척추동물이 어떻게 비행으로 나아가는 여정을 시작했는지를 놓고 두 가지 이론이 경쟁하고 있다는 말을 해야겠다. '하강trees down' 이론과 '이륙ground up' 이론이다. 지금까지는 '하강' 이론만 언급했다. 내가 이쪽을 선호한다고 인정해야겠다. 하지만 두 이론이 서로 다른 비행 동물에 들어맞을 수도 있다. 예를 들어, 박쥐는 '하강' 이론, 새는 '이륙' 이론대로 진화했을 수도 있다. 그러니 '이륙' 이론도 살펴보기로 하자. 실제로 조류는 이륙하라는 입박을 가상 상에서 받아 왔다.

새는 이미 깃털을 갖춘 채 뒷다리로 달리는 파충류로부터 진화했다. 새의 조상은 유명하고 무시무시한 티라노사우루스의 친척 공룡이었다. 오늘날의 타조가 보여 주듯이, 두 다리로 달리는 동물은 아주 빠르게 달릴 수 있다. 네 발로 총총 걷는 포유동물과 달리, 우리는 뒷다리로 빠르게 달릴 때 팔은 직접적으로 관여하지 않는다. 그러나 아마 어떤 식으로든 도움을 줄 수 있을 것이다. 운동선수는 달릴 때 팔을 격렬하게 앞뒤로 흔든다. 가장 빨리 달리는 육상동물 중 하나인 타조는 균형을 잡기 위해, 특히 방향을 돌릴 때 '팔'(짤막한 날개라고 부를 수도 있다. 비행하는 조상으로부터 물려받았고, 날개임을 여전히 알아볼 수 있기 때문이다)을 쓴다.

뒷다리로 빨리 달리는 파충류는 달리면서 바다의 날치처럼 틈틈이 뛰어오르곤 하는 편이 더 효율적이었을 것으로 보인다. 원래 단열용으로 진화한 깃털은 다람쥐의 복슬복슬한 꼬리와 똑같은 방식으로 도약을 도울 수 있었을 것이다. 특히 꼬리와 팔의 깃털은 발달하는 피막과 같은 식으로 도약 때 체공 시간을 늘렸을 것이다. 균형을 잡기 위해 펼친 팔은 이 점에서 특히 유용했을 것이고, 원시적인 날개로 발달했을 수도 있다. 아직 진정한 비행은 할 수 없었겠지만 도약 때 체공 시간은 늘렸을 것이다. 여기서 나뭇가지들 사이의 거리가 연속 스펙트럼을 이룬다고 한 것과 비슷한 논리가 적용된다. 깃털로 덮인 팔이 없는 파충류가 아무리 높이 뛰어오를 수 있다고 해도, 깃털 달린 팔이 있다면 조금이라도 더 높이 뛰어오를 수 있다. 앞서 살펴보았듯이 공작과 꿩은 잘 날지 못한다. 대개 이륙하자마자 착륙한다. 공작의 비행은 도약 후 체공 시간을 조금 늘린 것과 다르지 않다. 쫓아오는 다랑어를 피해서 날치가 잠시 공중으로 뛰어 오르는 것과 마찬가지로, 위험에서 벗어나게 하는 역할을 한다. 세대를 거칠수록 깃털이 난 팔은 표면적이 꾸준히 증가해, 도피하기 위해 도약했을 때 체공 시간이 꾸준히 늘어나다가 이윽고 막연한 시간 동안 이어지는 진정한 비행을 하는 단계에 이르렀다.

먹이에서 포식자로 눈을 돌리면, '덮치는 포식자' 이론으로 이어진다. 이 개념에 따르면, 깃털 달린 공룡 중 한 종은 매복해서 먹이를 잡는 쪽으로 분화했다. 가파른 둑 같이 잡기 유리한 곳에 숨어서 먹이가 지나가기를 기다리다 덮쳤다. 깃털 달린 팔과 꼬리는 포식자를 잠시 공중에 머물게 해 주었다. 더 멀리에서 덮칠 수 있었다는 뜻이다. 날다람쥐의 사례는 우리가 생각했던 것과 같은 점진적인 개선의 비탈이었다면, 이것은 덮치는 거리가 꾸준히 증가하는 비탈이었을 것이다.

그리고 '이륙' 달리기 이론의 또 다른 가능한 변이 형태가 있다. 곤충은 척추동물보다 훨씬 전에 비행을 발견했으며, 비행 곤충 무리는 긴회히는 칙추동물이 칙취히기 좋은 풍부한 믹이 공급원이었을 것이다. 아마 빠르게 달리는 파충류는 그들을 잡기 위해 공중으로 뛰어올랐을 것이다. 오늘날의 개처럼 덥석 물었을지도 모른다. 또는 고양이처럼 팔을 높이 치켜들어서 잡았을 수도 있다. 보통 집고양이는 공중으로 2미터까지 뛰어오를 수 있으며, 팔을 쭉 뻗어서 나는 새나 곤충을 잡을 수 있다. 표범 같은 커다란 고양이류도 같은 행동을 하며, 더 큰 새를 잡는다. 조상 파충류가 나는 곤충을 뒤쫓을 때도 비슷한 행동을 했을 수 있지 않을까? 그리고 날지 못하는 원시적인 '날개'도 도움이 될 수 있지 않았을까?

먼저 유명한 화석인 시조새를 살펴보자. 시조새는 여러 면에서 우리가 파충류 하면 으레 떠올리는 동물과 조류의 중간 형태였다. 현생 조류와 매우 비슷한 날개를 지니고 있었지만, 날개에 손가락이 튀어나와 있었다. 또한 조류와는 달리, 파충류처럼 이빨이 있었다. 현생 조류와 다르다고 말했지만, 고인이 된 스티븐 제이 굴드Stephen Jay Gould는 탁월한 자연사 저서인『닭의 이빨과 말의 발가락Hen's Teeth and Horse's Toes』에서 발생학자들이 닭의 배아에 이빨을 나게 하는 독창적인 실험에 성공한 사례를 기술했다. 그들은 수백만 년 동안 잃었던 조상의 능력을 실험실에서 재발견했다. 또 시조새는 뼈가 든 긴 파충류의 꼬리도 지니고 있었다. 이 꼬리는 날개와 더불어 중요한 비행 표면이자 안정 장치 역할을 했을 것이 틀림없다.

시조새의 조상이 (원래 단열을 위해 진화한) 깃털이 곤충을 잡는 데 유용하다는 점을 알아차렸을 것이라는 주장이 있다. 포충망을 휘둘러서 나는 곤충을 잡는 것과 비슷한 용도로 팔의 깃털이 더 커졌다는 것이다. 그런데 깃털 포충망이 추가로 엉성한 비행 표면 역할을 하기도 했다고 주장한다. 아직 진짜 비행은 아니었지만, 깃털이 난 팔은 뛰어오른 파충류가 더 높이 나는 곤충에게 다다르는 데에, 그리고 곤충을 낚아채는 데에도 도움을 주었을 수 있다. 비행 표면은 넓은 면적을 필요로 하며, 포충망도 그렇다. 곤충을 잡기 위해서 뛰어오를 때, 이 '포충망'은 엉성한 날개 역할을 했으며 도약 길이와 높이를 늘렸다. 곤충을 낚아챌 때 날개를 휘두르는 움직임은 날개를 치는 것과 조금 비슷해 보였을 것이고, 이런 움직임은 양력을 추가로 제공했을 수 있다. 서서히 팔은 날개의 기능을 하게 되면서 '포충망' 기능을 잃어 갔다. 이 이론에 따르면, 그렇게 새에게서 진정한 날갯짓 비행이 진화했다. 여기서 내가 '포충망' 이론과 다른 '이륙' 이론들이 '하강' 이론보다 설득력이 떨어진다고 본다는 말을 해야겠다. 하지만 일부 생물학자들이 선호하므로, 완벽함을 기하기 위해서 언급했다.

'이륙' 이론의 또 다른 판본은 '비탈 달려 올라가기' 이론이다. 예를 들어, 땅에 사는 동물들은 종종 포식자를 피해서 나무 위로 쪼르르 달려 올라가곤 한다. 곧바로 다람쥐가 떠오르겠지만, 조금 덜 능숙할 뿐 그렇게 하는 동물들은 많다. 모든 나무줄기가 수직으로 서 있는 것은 아니다. 죽어 쓰러진 나무나 부러진 굵은 가지는 비탈을 제공한다. 사실 숲의 나무들은 수평에서 수직에 이르기까지 각도의 연속 스펙트럼을 이루고 있다. 이제 자신이 45도인 비탈을 달려 올라가려 한다고 상상해 보자. 깃털 난 팔

새일까? 파충류일까? 상관없지 않나? ☞
시조새는 모든 조류의 파충류 조상과 얼마간 가까우며, 따라서 중간 형태다.
시조새에게는 이빨, 튀어나온 손가락, 안정 장치인 긴 꼬리가 있었다.

을 휘두른다면 기어오르는 데 도움을 받을 수 있을 것이다. 아직 날개는 아니지만, 즉 공중을 활공할 만큼 발달하지는 않았지만, 그럼에도 기울어진 나무줄기를 올라갈 때 쳐 대면 약간의 양력과 안정성이 추가됨으로써 차이가 생길 수 있다. 여기서 다시 우리는 개선의 비탈을 본다. 말 그대로, 또 비유적인 의미에서 그렇다. 이 원시 날개가 45도 비탈을 오르기 위해 발달하고 있을 때, 그 개선은 자동적으로 50도 비탈을 오르는 데에도 이용할 수 있을 것이다. 일은 그런 식으로 죽 이루어졌을 것이다. 조금 사변적으로 들리지만, 호수숲질면조를 대상으로 몇 차례 멋진 실험이 이루어졌다.

☞ **그런데** 중요한 것은 아니지만, 이 새들은 사실 칠면조가 아니다. 호주에 사는 동물 중에서 아메리카의 칠면조에 가장 가까워 보이기 때문에 칠면조라고 부를 뿐이다. 이들은 '무덤새'에 속한다. 알을 품는 데 놀라운 방식을 진화시킨 새다. 이들은 직접 알을 품지 않는다. 대신에 커다란 퇴비 더미를 만들어서 그 안에 알을 묻는다. 썩어 가는 퇴비의 세균이 내는 열로 알을 부화시킨다. 알은 온도에 민감하다. 부모가 알을 품고 있을 때는 온도가 정확히 딱 맞는다. 부모의 체온이 일정하기 때문이다. 그렇다면 무덤새는 퇴비 더미의 온도를 어떻게 조절할까? 너무 뜨거워지면 퇴비 더미 위쪽의 식물을 좀 걷어 내고, 너무 차가워지면 식물을 더 올려서 담요처럼 덮는다. 부리는 온도계

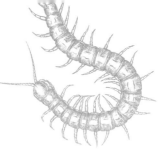

역할을 하도록 진화했다. 무덤새는 부리를 퇴비
더미에 찔러 넣어서 온도를 잰다.

무덤새의 퇴비 더미 이야기는 하지 않을 수 없었다. 너무나도
흥미롭기 때문이다. 하지만 이 책에서 중요한 점은 무덤새 새끼
가 알에서 깨어나자마자 독립적이면서 매우 다재다능한 행동을
보여 준다는 것이다. 부모가 옆에서 돌보지 않으므로, 새끼는 스
스로 알아서 살아가야 한다. 놀랍게도 이들은 부화한 다음 날 날
기까지 한다. 하지만 이들은 포식자로부터 달아날 때 비행을 선
호하지 않는다. 대신에 기울어진 나무줄기를 쪼르르 달려 올라
간다. 올라갈 때는 날개를 쳐서 도움을 받는다. 게다가 이들은 날
갯짓의 도움을 받아서 수직으로 선 나무줄기까지 기어오를 수 있
다. 완전히 발달한 날개가 무덤새 새끼를 수직 표면에 기어오르
도록 도울 수 있다면, 덜 발달한 날개가 그들의 조상이 더 완만한
비탈을 기어오르도록 도울 수 있었으리라는 것은 쉽게 알 수 있
다. 이 날개는 실 때만 효과가 있었을 것이나. 오늘날의 숲질면조
새끼가 날개를 치듯이. 여기서 다시금 우리는 개선의 비탈(따지
자면 비탈들의 비탈)을 본다. 그리고 물론 비탈은 앞서 제시한 질
문을 설명하려면 필요한 것이기도 하다. "반쪽짜리 날개는 어디
에 쓸모가 있을까?" 창조론자의 주장과 정반대로, 비행이 서서
히, 단계적으로 진화할 수 있는 방식이 많이 있다는 것을 알아보
기는 어렵지 않다. 즉, 날개가 전혀 없는 것보다 반쪽짜리 날개가

더 나을 수 있는 방식은 많다.

척추동물보다 수억 년 더 앞서 비행을 발견한 곤충은 어떨까? 곤충의 비행은 어떻게 출현했을까? 오늘날 곤충은 대부분 날개가 있다. 벼룩처럼 날개가 있는 조상에게서 진화했지만 날개를 잃은 종류도 있다. 이들은 '이차적으로 날개를 잃었다'고 한다. 앞서 살펴보았듯이, 일개미와 흰개미는 날개를 지닌 조상의 후손일 뿐 아니라, 날개를 지닌 부모의 자식이다. 부모인 여왕과 수컷은 날개가 있기 때문이다. 한편 좀과 톡토기처럼 원시적으로 날개가 없는 곤충들도 있다. 이들은 조상도 날개가 없었다.

모든 절지동물(곤충, 갑각류, 지네, 거미, 전갈 등)이 그렇듯이, 곤충의 몸도 몸마디(체절)로 이루어져 있다. 몸마디는 지네와 노래기에서 더 뚜렷이 드러난다. 이들은 차량이 줄줄이 이어져 있는 열차 같은 모습이다. 몸마디들은 거의 동일한 형태이며, 각각에 다리가 달려 있다. 한편 바닷가재와 곤충처럼 몸마디로 이루어져 있긴 하지만, 더 복잡한 양상을 보이는 절지동물도 있다. 각 몸마디('차량')가 제각기 다른 모습으로 진화했기 때문이다. 열차도 똑같은 차량들이 줄줄이 연결되어 있을 때도 있고, 바퀴와 연결 방식만 동일할 뿐 각양각색의 차량들이 이어져 있을 때도 있다. 우리 척추동물도 몸마디로 되어 있다. 척추동물의 등뼈가 그 반증이다. 그러나 상세히, 특히 배아 때 자세히 살펴보면, 우리 머리조차도 몸마디로 되어 있다는 것이 드러난다.

곤충의 몸에서는 앞쪽 몸마디 여섯 개가 머리를 이루지만, 서로 꽉 맞물려 있기에 열차가 배열된 것처럼 보이지 않는다. 포유류의 머리도 마찬가지다. 다음 세 몸마디는 가슴을 이룬다. 나머지 몸마디는 배를 만든다. 가슴을 이루는 세 몸마디 각각에는 다리가 한 쌍씩 있으며, 대부분의 곤충은 두 가슴 몸마디 뒤쪽에 날개가 한 쌍씩 달려 있다. 파리(그리고 모기와 깔따구 같은 친척들)는 앞서 살펴보았듯이, 특이한 사례다. 그들은 날개가 한 쌍밖에 없고, 두 번째 쌍은 진화하면서 줄어들어서 '자이로스코프' 역할을 하는 평균곤이 되었다.

척추동물의 날개와 달리, 곤충의 날개는 변형된 팔다리가 아니다. 앞서 살펴보았듯이, 가슴벽이 늘어난 것이다. 여섯 개의 다리는 모두 걷는 데 쓰인다. 다양한 이론이 곤충의 날개가 어디에서 기원했는지를 설명한다. 많은 비행 곤충은 물속에서 살아가는 유충 단계를 거쳐 성체가 되면 물 밖으로 나온다.

이런 유충 중에는 아가미가 있어 물속에서 호흡이 가능한 종류도 있다. 공교롭게도 이런 유충의 아가미는 물고기 아가미와 달리 올챙이 아가미처럼 싯털 같은 것이 나 있다. 일부 과학자는 곤충의 날개가 변형된 아가미에서 진화했다고 본다. 또 수생 유충이 수면을 달리는 '돛'을 개발했고, 나중에 그것이 날개가 되었다고 보는 이론도 있다.

현재 유행하는 이론은 가슴에서 뻗어 나온 테두리, 즉 작은 밑동이 원래는 비행 표면이 아니라 일광욕 표면으로, 몸을 데우는 '태양 전지판' 역할을 했다고 주장한다. 이 이론을 내놓은 이들은 모형 곤충으로 풍동 실험 등 여러 가지 실험을 했다. 실험 결과는 가슴의 아주 작은 테두리가 항공 역학적인 기능보다는 햇빛을 받는 기능을 했음을 시사한다. 더 큰 날개 밑동은 항공 역학적으로 더 나아진다. 가슴에서 튀어나온 납작한 돌기가 태양 전지판 역할보다 비행 표면 역할을 주로 하게 되는 문턱 크기가 있다. 따라서 이 밑동이 원래 햇빛 흡수판으로 시작했다면, 곤충은 더 커지기만 하면 되었다. 그리고 커지는 일은 여러 가지 이유로 쉽게 일어나곤 한다. 날개는 점점 커질수록, 자동적으로 더 유용한 비행 표면이 되었다. 그리고 이윽고 적절한 날개로 진화했다.

따라서 이 이론에 따르면, 동물은 햇볕으로 몸을 데우기 위해 진화적 비탈을 처음 올랐다. 그것이 매끄러운 비탈이었으리라는 점은 명백하다. 밑동 면적이 클수록, 햇빛을 더 많이 흡수할 테니까. 그리고 문턱 크기를 넘어섰을 때, 이 밑동은 자동적으로 유용해졌다. 처음에는 활공을 하는 데, 나중에는 가슴에 이미 있는 근육을 써서 날갯짓을 하는 데 유용했다. 8장에서 대개 곤충의 날갯짓은 단순히 가슴의 모양을 변형시키는 근육을 통해 이루어진다고 말한 바 있다. 그리고 최고의 태양 전지판은 날개처럼 얇았을 가능성이 높다는 점도 생각하자. 몸집이 서서히, 단계적으로 증가함에 따라서 가슴 테두리 판도 덩달아 문턱 크기를 넘어섰고, 자동적으로 더 유용한 비행 표면이 되었다.

제시된 많은 이론 중에서 어느 것을 선호하든 간에, 우리는 다시금 "반쪽짜리 날개는 어디에 쓸모가 있을까?"는 문제가 아니라는 결론에 다다른다. 익룡, 박쥐, 새뿐 아니라 곤충도 자연 선택을 통해 서서히, 단계적으로 진화한다.

반쪽짜리 날개조차도 아닌 것이
숲의 날뱀은 단순히 몸을 납작하게 만들어서 몸의 폭을 배로 늘리는 것만으로도 이 나무에서 저 나무로 공중을 물결치듯이 '헤엄쳐' 갈 수 있음을 보여 준다.

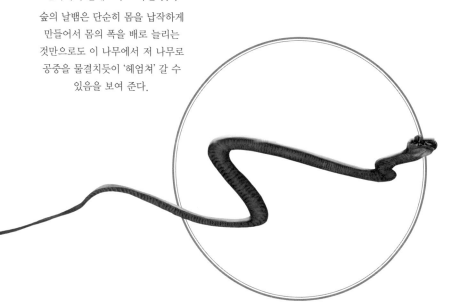

CHAPTER 15

외향 충동:
비행을 넘어서

이 글을 쓰는 현재 화성의 모습

미래에는 화성에 인류가 정착해서 살아가게 될까? 지구에 있는 사람과
전화 통화를 하기란 쉽지 않을 것이다. 궤도의 위치에 따라서, 단어 하나가
전송되기까지 3분에서 22분이 걸릴 것이다.

15장

외향 충동: 비행을 넘어서

나는 내가 그랬듯 독자도 새처럼 하늘을 나는 꿈을 꾼 적이 있느냐는 질문으로 이 책을 시작했다. 책을 마무리하는 지금은 이런 궁금증이 인다. 독자는 언젠가 우리 고향 행성을 떠나서 화성까지 날아가겠다는 꿈을 꾸고 있는지? 아니면 목성의 달로? 토성으로? 어릴 때 나는 그 꿈이 과학 소설에나 나오는 것이라고 생각했다. 나는 '미래의 조종사 댄 데어Dan Dare, Pilot of the Future'라고 불리는 만화 주인공을 좋아한다. 그는 동료인 랭커셔 출신의 딕 비Digby와 함께 어쩌다가 우주선에 올라타서 조종간을 잡고 목성 방향으로 날아간다.

오늘날 우리는 상황이 그렇게 단순하지 않다는 것을 안다. 목성까지 가려면 몇 년이 걸린다. 수백 명의 공학자와 과학자가 대규모로 협력해야 하는 계획이다. 그들은 미리 궤도를 계산하고 다른 행성들의 중력을 이용해 추진력을 얻기 위해 복잡한 시간표를 짜야 한다. 화성까지 가는 데에도 몇 달이 걸린다. 그러나 실제로 가능한 일이다. 무인 우주선은 이미 해냈다. 일론 머스크 Elon Musk는 로켓을 화성으로 보내고 싶어 하는 것에 더해, 거기에 정착촌을 짓고 싶어 한다. 그리고 그는 나름의 진지한 이유가 있다.

11장에서 다룬 내용을 기억하는지? 그 장에서 우리는 동식물이 적어도 일부 자손을 운 좋게 삶을 시작할 수 있도록 멀리 보내려는 외향 충동을 진화시킨 이유를 설명하는 수학 이론을 살펴보았다. 설령 부모 지신이 가능한 최고의 장소에 살고 있다고 해도 자식을 멀리 보내는 쪽이 유리하다는 이론이었다. 기억하겠지만, 본질적인 이유는 세상 어디든 간에 빠르든 늦든 불이나 홍수, 지진 같은 재앙이 닥치게 마련이므로, 세상에서 가장 살기 좋은 곳이라고 해도 언젠가는 정반대가 될 것이기 때문이다.

현재 지구가 인류가 살아가기에 가장 좋은 곳이라는 점은 분명하다. 반면 화성은 살기에 아주 안 좋은 곳이다. 그러나 언젠가 지구가 극심한 격변에 빠지고, 인류가 살아남을 수 있는 방법이 오로지 다른 곳에 개척자들의 정착지를 이루는 것밖에 없는 날이 올 수도 있지 않을까? 어떤 격변이어야 할까? 기후 변화의 장기 효과, 치명적인 세계적 유행병, 생물학전을 비롯한 다양한 첨단 기술 전쟁 등 몇 가지 가능성이 있다. 하지만 나는 이 모든 것을 대표할 한 가지 가능성을 언급하고 싶다. 단기적으로 보면 가장 가능성이 낮은 것은 맞지만, 굳이 언급하고자 하는 이유는 대다수 사람들이 아마 생각도 못 하고 있을 것 같아서다. 그리고 비

록 단기적으로는 가능성이 낮다고 해
도, 그 일은 결국에는 일어날 것이다.
그리고 일어난다면, 누구도 떠올리지
못한 악몽이 될 것이다. 그런 일을 피하
려면, 우리의 비행 기술을 이 책에서 다룬   범
위 너머로 밀어붙이는 수밖에 없다.

　우리는 공룡에게 어떤 일이 벌어졌는지 안다. 그들은 무려
1억 7천5백만 년 동안 육지를 지배했다. 공룡에게는 나름의 방
식으로 지구가 완벽한 행성이었다…… 새파란 하늘에 아무런 사
전 경고도 없이 산만 한 크기의 바윗덩어리가 시속 6만4천 킬로
미터로 지금의 멕시코 유카탄반도에 충돌하기 전까지는. 충돌 즉
시 그 지역의 공룡들은 2천 도가 넘는 고열에 증발했다. 그것은
시작에 불과했다. 그 충돌은 히로시마에 떨어졌던 원자폭탄이 동
시에 수십억 개가 터진 것과 맞먹었다. 바다는 끓어올랐고, 높이
1.6킬로미터에 달하는 해일이 전 세계를 휩쓸었다. 그러나 최후
끼지 남아 있던 공룡을 전멸시킨 것은 아마 폭발의 열기도 산불
도 지진 해일도 아니었을 것이다. 충돌로 생긴 엄청난 양의 재,
먼지, 황산 방울이 하늘로 올라가서 짙은 구름이 되어 전 세계를
뒤덮었다. 세계는 여러 해 동안 어둠에 잠긴 채 식어 갔다. 유카
탄반도의 공룡은 운이 좋은 쪽이었다. 즉사했으니까. 살아남은
공룡들은 그들이 의지하는 식물들이 햇빛 부족으로 죽어 감에 따
라 추위와 굶주림에 시달리다가 죽었다. 우리 포유류는 간신히

살아남았다. 아마 땅속에서 겨울잠을 자며 버틴 덕분이었을 것이다. 이윽고 우리는 어리둥절해하며, 수염을 씰룩거리고 눈을 깜박이면서 서서히 돌아오는 햇빛을 향해 고개를 내밀었다. 그리고 지금 여기 있는 우리는 극소수였던 그 생존자들의 후손이다. 그 생존자들은 생쥐와 코뿔소, 코끼리와 캥거루, 영양, 고래, 박쥐, 인간으로 진화했다. 우리는 아주 운이 좋았다. 하지만 다음번에는 그렇게 운이 좋지 않을 수도 있다.

그런 일은 다시 일어날 것이기 때문이다. 더 작은 운석은 지구에 종종 충돌하며, 6천5백만 년 전에 공룡을 전멸시킨 것만큼 커다란 운석이 다시금 충돌하는 것은 시간문제일 뿐이다. 더 큰 것이 올 수도 있다. 그렇다고 해서 잠 못 이루고 걱정할 필요는 없다. 독자의 생애 동안에, 심지어 다음 주에 일어날 수도 있지만, 그럴 가능성은 아주 낮다. 6천5백만 년은 긴 시간이며, 다시 기나긴 시간이 흐른 뒤에야 큰 충돌이 닥칠 수도 있다. 그렇긴 해도, 때때로 나도 조금 비관적인 분위기에 휩싸일 때 그런 생각을 하곤 하는데, 몇몇 이들은 이제 인류가 그 가능성에 대비하기 시작해야 할 때라고 생각한다. 다른 누가 해 주지 않을 것이다. 우리 행성의 운명은 우리에게 달려 있다.

대비하는 한 가지 방법은 태양 주위의 타원 궤도를 도는 천체 중에서 원형에 가까운 궤도를 도는 지구와 충돌할 위험이 있는 것을 검출하고, 차단하거나 방향을 돌릴 기술을 개발하는 것이다. 인류는 머지않아 그 방법을 알아낼 것이다. 올바른 방향으로 나아간 중요한 한 걸음은 우주선 로제타호를 혜성에 착륙시키는 데 성공한 것이다. 다음 단계는 위협적인 소행성이나 혜성을 조금 다른 궤도로 밀어내는 일이 될 것이다. 궤도가 지구 궤도와 더 이상 교차하지 않도록 그것들의 속도를 조금 더 높이거나 늦출 수도 있다. 어느 쪽이든 간에 속도를 아주 조금만 바꾸어도 충분하다. 그러나 우리 생존을 위협할 수 있는 산만 한 크기의 운석에 영향을 미치려면 아주 큰 힘을 가해야 할 것이다.

그러나 지구에 위협이 되는 것이 무엇이든 간에, 그것이 혜성이든 멈출 수 없는 유행병이든 11장에서 얻은 교훈을 유념하여 화성 같은 다른 행성에 정착지를 세우는 일도 논의할 필요가 있다. 물론 화성에도 거대한 소행성이 충돌할 수 있다. 그러나 두 행성이 같은 소행성에, 또는 같은 유행병에 타격을 입지는 않을 것이다. 달걀을 한 바구니에 담지 말라는 속담을 들어 보았을 것이다. 물론 화성에 정착지를 세우는 일은 엄청나게 어렵다. 산소는 아예 없고, 물도 거의 없다. 또한 인류의 대다수는 구하지 못할 것이다. 그러나 우리 종은 구할 수 있다. 적어도 기억은 남을 것이다. 수백 년에 걸쳐 쌓은 모든 것, 음악, 미술과 건축, 문학, 과학 등을 기록한 저장소를 세우면 된다. 그리고 나중에 다시 지구에 정착하여 새롭게 시작할 수도 있다. 아무튼 그것이 화성에 가고자 하는 한 가지 이유다.

11장에서 동식물이 현재의 안락한 곳에서 멀리 떨어진 미지의 세계로 자식을 보내려는 외향 충동을 지닌다는 말을 했을 때,

인류 역사를 떠올리지 않았는지? 모험 정신? 무모한 탐사? 자신이 어디로 향하고 있는지 아무런 단서조차 얻지 못한 채 서쪽으로 항해를 한 크리스토퍼 콜럼버스 같은 위대한 탐험가들을 부추긴 충동을 생각하지는 않았는지? 아니면 세계 일주 탐험에 나선 페르디난드 마젤란(비록 그는 귀국하지 못하고 살해당했지만)을? 적어도 아메리카의 사례에서는 어떤 위험이 기다리고 있는지 모른 채, 박해를 피해 떠난 정착민들이 그 뒤를 이었다.

그보다 앞서 붉은 에릭Eric the Red이 이끄는 바이킹도 비슷한 외향 충동에 이끌려서 미지의 서쪽으로 항해해 그린란드에 정착지를 세웠다. 에릭의 아들인 레이프 에이릭손Leif Ericson은 더 나아가서 콜럼버스보다 5백 년 앞서 북아메리카에 다다랐다. 현재의 북아메리카 원주민들의 조상이 아시아에서 얼어붙은 베링 해협을 언제 건넜는지는 아무도 모르지만, 그들이 동일한 모험 정신에 이끌렸다는 것을 자신 있게 부정할 사람이 누가 있겠는가? 과학 소설 작가 존 윈덤John Wyndham은 서쪽으로 향한 모험가들인 붉은 에릭의 바이킹 가계도에 영감을 받아서 『외향 충동*The Outward Urge*』을 썼다. 이 장의 제목은 거기에서 가져왔다. 한 가문이 미지의 세계를 탐사하려는 충동을 물려받아서 7세대에 걸쳐

더욱더 깊은 우주로 나아간다는 이야기다.

　나는 취리히의 호텔방에서 이 마지막 문단을 쓰고 있다. 이곳에서 나는 영감을 자극하는 회의에 참석하고 있다. 인류가 달에 첫발을 디딘 50주년을 기념하기 위해서 과학자, 록 음악가, 우주비행사가 모인 스타무스STARMUS라는 회의였다. 참석한 우주 비행사 중에는 미국 아폴로 계획에 참여한 이가 많다. 달 표면을 걸

그들은 어떻게 이스터섬을 발견했을까?
폴리네시아인 항해자들의 모험 정신은
화성에, 아마도 먼 미래에는 별에
정착하고자 하는 우리 종의 '외향 충동'
속에 살아 있는 것이 아닐까?

은 이들도 있다. 그들은 한 명씩 연단에 올라서 우주로 나아가고, 달 표면을 걷고, 무중력 상태로 떠다니고, 새까만 우주에 떠 있는 지구를 바깥에서 바라본 경험이 자신의 삶을 바꿔 놓았음을 유창하게 말했다. 그들은 대부분 전투기 조종사 자격증이 있는 사람들이다. 대체로 전투기 조종사는 시인 기질이 없고, 감정적이지 않다고 알려져 있으므로, 그들의 증언은 더욱 감동적이다. 나는 그들이 에이릭손, 마젤란, 드레이크, 콜럼버스 등 지난 세기들의 위대한 해양 탐험가들의 후세자라고 본다. 더 감명적으로 말하자면, 카누를 타고 드넓은 태평양을 항해하여 차례로 섬들에 정착한 폴리네시아인들의 후계자들이다. 그들은 멀리 외따로 떨어져 있는 이스터섬까지 들어갔다. 아마 그들에게는 달을 탐험하는 일과 비슷했을 것이다.

그러나 나는 진화생물학자이기도 하므로, 더 깊은 과거를 생각하지 않을 수 없다. 1천 세기 전 우리 조상들은 아프리카에서 나와 아시아, 유럽, 호주에 정착했고, 베링해협을 건너서 최초의 진정한 아메리카인이 되었다. 그들도 같은 외향 충동에 내몰렸을까? 위대한 역사적 이주의 일부라는 생각을 전혀 하지 못한 채 그냥 대대로 방황한 것일 뿐일까?

또는 수백만 세기 전으로 돌아가자면, 최초의 어류가 뭍으로 올라오는 모험을 한 것도 같은 외향 충동에서였을까? 그 물고기는 유달리 모험심 강한 총기류였을까? 아니면 그저 우연한 사고로 벌어진 일이었을까? 최초로 공중으로 뛰어오른 파충류는 어떨까? 최초로 도약 야심을 드러낸 깃털 달린 공룡은 조류라는 위대한 가문을 탄생시키게 된다. 명석한 선구적인 개체였을까? 아니면 오로지 우연이 한 일일까? 나는 정말로 알고 싶다.

취리히 회의로 돌아가 보자. 참석자 중 나머지 절반은 노벨상 수상자 몇 명을 비롯한 과학자들이었다. 무중력이라는 미지의 세계로 조심스럽게, 물리적으로 첫걸음을 내디딘 우주 비행사들의 정신적 판본이었다. 곤충, 새, 박쥐, 익룡에서 시작되어 우리 종의 기구 조종사와 비행사로 이어지는 중력으로부터의 해방은 문자 그대로 우주 비행사의 무중력으로, 상징적으로는 과학자들의 상상 속 환상의 비행으로 정점에 이르렀다.

> 그리고 누운 채, 달빛이나 좋아하는 별빛 아래
> 나는 볼 수 있었네.
> 예배당 전실에 서 있는
> 굳은 얼굴로 프리즘을 들고 있는 뉴턴의 조각상
> 을.
> 홀로 낯선 생각의 바다를 영원히 항
> 해하는
> 마음의 대리석 이정표를.
> 　　윌리엄 워즈워스, 『서곡』, 1799

아이작 뉴턴에 관한 워즈워스의 시구절은 스티븐 호킹을 가리키는 편이 더 적절했을 수도 있다. 호킹은 안타깝게도 몸을 움직일 수는 없었지만, 영원히 굳은 얼굴의 뒤편에서 홀로 낯선 생각의 바다를 항해했다. 나는 취리히 회의에서 이 책의 헌사에 적힌 선견지명을 지닌 기술자이자 '외향 충동' 선지자에게 스티븐 호킹 메달을 수여한 것이 적절했다고 본다.

나는 과학 자체를 미지의 세계로 나아가는 영웅적인 비행이라고 여긴다. 문자 그대로 다른 세계로의 이주든, 낯선 수학적 공간을 추상적으로 날아다니는 마음의 비행이든 간에. 그 비행은 망원경을 통해서 저 멀리 멀어지는 은하를 향해 도약하는 것일 수도 있고, 빛나는 현미경을 통해 살아 있는 세포의 엔진실 깊숙이 잠수하는 것일 수도 있다. 또는 거대 강입자 충돌기의 거대한 원형 통로로 입자를 가속시키는 것일 수도 있다. 또는 장엄하게 팽창하는 우주의 미래로 나아가거나, 태양계의 탄생 이전으로 암석을 계속 역추적하여 시간의 기원 자체를 살펴보는 것처럼 시간 속을 날아가는 것일 수도 있다.

비행이 중력으로부터 세 번째 차원으로의 탈출인 것처럼, 과학은 일상생활의 평범함으로부터 나선을 그리면서 상상력이 점점 희박해지는 높이까지 탈출하는 것이다.

이제 날개를 활짝 펼치고, 과학이 우리를 어디로 데려갈지 지켜보자.

저자 소개

리처드 도킨스

리처드 도킨스는 옥스퍼드대학교 과학 대중 이해 교수로 재직했다. 그의 저서는 수백만 부가 팔렸고, 40여 개 언어로 번역되었다. 『이기적 유전자』, 『눈먼 시계공』, 『만들어진 신』, 『현실의 마법』 등 여러 권의 베스트셀러를 냈다. 2017년 과학도서상 30주년을 기념하기 위해서, 왕립협회는 '역사상 가장 영감을 주는 과학책'을 뽑는 설문 조사를 했다. 여기서 『이기적 유전자』가 1위로 뽑혔다. 리처드 도킨스는 과학과 문학 양쪽으로 명예 박사 학위를 받았으며, 왕립협회와 왕립문학협회에 모두 소속되어 있는 회원이다. BBC와 4번 채널 양쪽에서 과학 다큐멘터리를 진행해 왔고, 1991년 왕립연구소 아동 크리스마스 강연을 했다. 이 강연은 BBC에서 방영되었다. 2013년『프로스펙트 매거진』이 100여 개국 1만 명의 독자를 대상으로 한 설문 조사에서 세계 최고의 사상가로 뽑히기도 했다.

화가 소개

야나 렌초바

슬로바키아 브라티슬라바에서 태어나고 자랐다. 일러스트레이터이자 번역가이며 통역사다. 언어와 그림 양쪽에 관심이 많다. 시작은 언어였고 이후 그림으로 관심을 넓혀 갔다. 리처드 도킨스의 『만들어진 신』을 슬로바키아어로 번역해 달라는 의뢰를 받은 뒤로, 그의 책에 일러스트레이션을 그리기 시작했다. 몇 권의 책 표지에 그림을 그렸고, 2014년 겨울 올림픽을 소개하는 〈CBC/Radio-Canada〉 블로그 등 여러 블로그에 작품이 실렸다.

그녀는 스케치부터 색을 입히는 일까지 모두 디지털로 작업한다. 다음은 이 책에 실으려고 그린 벌새 일러스트레이션을 작업 단계별로 보여 준 것이다.

감사의 말

앤서니 치텀, 조지나 블랙웰, 제시 프라이스, 클레망스 재키네, 스티븐과 데이비드 밸버스, 앤드루 패트릭, 데이비드 노먼, 마이클, 세라와 케이트 케틀웰, 그렉 스티컬리더, 로런스 크라우스, 레너드 트라미엘, 제인 세프크, 손지 케닝턴, 헨리 베닛클라크, 코니 오곰리 그리고 고인이 된, 너무나도 그리운 랜드 러셀에게 감사를 드린다.

역자 후기

어릴 때는 누구나 하늘을 나는 꿈을 꾸기 마련이다. 나는 하늘 높이 날기보다는 주로 거의 지면 가까이에서 지형을 따라 나는 꿈을 꾸었던 것으로 기억한다. 제비가 먹이를 찾아 나는 모습과 거의 비슷했다. 당시 집 앞 골목에서 찌를 듯이 날아다니던 제비를 늘 보았기 때문인 듯도 하다.

이 책은 그런 꿈에서 시작하여 비행 하면 떠오르는 다양한 대상들을 하나하나 이야기한다. 이카로스의 깃털 날개, 다빈치의 오니숍터, 천사와 요정의 날개도 등장한다. 당연히 곤충과 새, 박쥐 이야기도 나온다. 그리고 비행의 꿈을 실현시킨 인간의 다양한 장치들도 언급된다.

그러면서 비행을 생각할 때 떠오르는 다양한 의문들도 하나하나 풀어간다. 애초에 동물은 왜 하늘을 날고자 했을까? 하늘을 날면 좋은 점이 무엇일까? 안 좋은 점은? 돼지는 왜 하늘을 날지 않을까? 사람은 정말로 근력만으로 하늘을 날 수 없을까?

이 책에는 이런 온갖 질문들이 가득하다. 그리고 저자는 특유의 간결하면서 압축된 문체에다가 나름의 유머까지 섞어 가면서 그런 의문들에 답한다. 당연히 과학이 내놓은 답들이다. 읽다 보면 검증된 답도 있지만, 아직 과학이 제대로 답할 수 없는 의문들도 많이 있음을 알게 된다. 전서구는 어떻게 아무데나 풀어놓아도 집을 찾아갈 수 있는 것일까? 철새는 어떻게 길을 찾아갈까?

이런 의문들은 비행의 원리, 중력을 이기는 방법으로까지 이어진다. 베르누이 원리처럼 우리가 아는 양 생각하고 있었지만, 잘 모르고 있던 사실들도 많다는 점도 말해 준다. 그리 두껍지 않으면서 흥미로운 그림들까지 곁들인 책이지만, 읽다 보면 내용이 매우 방대하다는 사실을 깨닫게 된다. 그리고 저자가 이 모든 내용을 진화와 과학, 인류의 꿈이라는 하나의 주제로 절묘하게 엮고 있다는 점도 깨닫게 된다.

비행이 얼마나 흥미로운 내용으로 가득한지를 잘 보여 주는 동시에, 맨몸으로는 날지 못하다는 것을 알면서도, 우주까지 날아가고 싶다는 열망도 품게 해 주는 책이다.

찾아보기